商业建筑 上

曾江河 编

U0359242

天津大学出版社
TIANJIN UNIVERSITY PRESS

图书在版编目（CIP）数据

商业建筑（上、下） / 曾江河编. — 天津：
天津大学出版社,2013.4
ISBN 978-7-5618-4532-5

Ⅰ. ①商··· Ⅱ. ①曾··· Ⅲ. ①商业－服务建筑－建筑
设计－世界－图集 Ⅳ. ①TU247-64

中国版本图书馆CIP数据核字(2012)第316843号

总 编 辑：上海颂春文化传播有限公司
美术编辑：王丹凤
责任编辑：郝永丽

出版发行　天津大学出版社
出 版 人　杨欢
地　　址　天津市卫津路92号天津大学内（邮编：300072）
电　　话　发行部：022—27403647　　　邮购部：022—27402742
网　　址　www.tjup.com
印　　刷　上海锦良印刷厂
经　　销　全国各地新华书店
开　　本　230mm×300mm
印　　张　35
字　　数　448千
版　　次　2013年4月第1版
印　　次　2013年4月第1次
定　　价　596.00元（上、下册）

目录

商业建筑（上）

宝龙长春四塔

项目地点：长春市
业　　主：宝龙地产控股有限公司
设计单位：江欢成建筑设计有限公司
用地面积：31 500 m²
建筑面积：312 000 m²

　　规划中的长春四塔项目位于长春市南部新区的中轴线上，宝龙项目为四塔之一，其中包含一栋300 m的超高层塔楼。

　　项目地块分为两块，基地面积共31 500 m²。总建筑面积312 000 m²，其中包括三栋酒店式公寓，一栋酒店、办公综合体以及商业裙房。

　　为了加强主塔的标志性效果，设计将B地块的酒店式公寓塔楼和酒店、办公主塔合二为一，连接处的上下各形成两条巨型抛物曲线。上部曲线极具一飞冲天的效果，而下部曲线则构成一个巨门矗立于中轴线一侧。

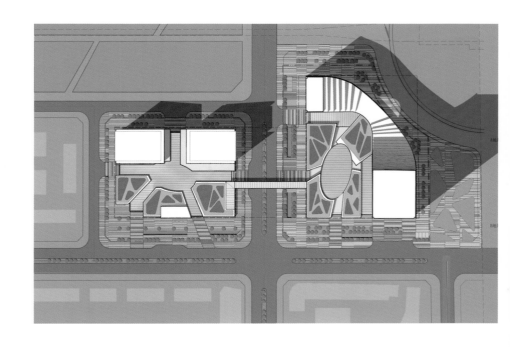

一层平面图

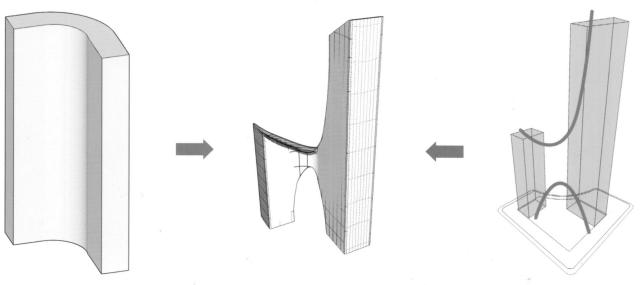

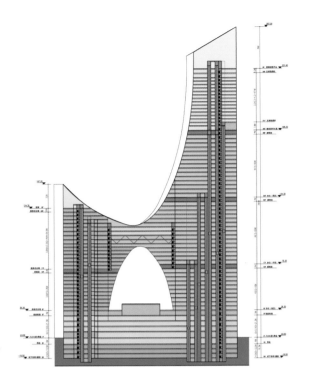

垂直交通分析图

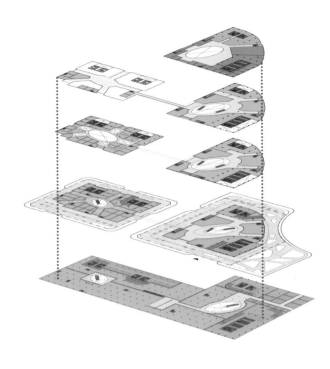

商业业态平面布局分析图

马鞍山金鹰商业综合体

项目地点：马鞍山市

业　　主：金鹰国际房产集团

设计单位：江欢成建筑设计有限公司

用地面积：31 260 m²

建筑面积：323 000 m²

容 积 率：7.6

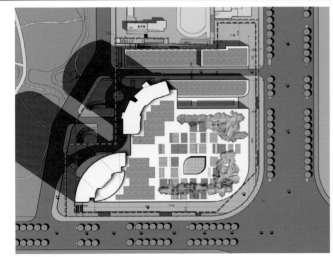

一层平面图

马鞍山金鹰商业综合体项目地处马鞍山市湖东北路与湖南西路交叉路口的西北角，紧邻雨山湖，占据马鞍山市繁华的传统商业区核心位置，背靠碧波荡漾的雨山湖风景区，为商业地产绝佳地块。

项目占地31 260 m²，规划建设为安徽省最高、全国领先的城市商业地标性综合体建筑，地上建筑总面积300 000 m²。项目集高端百货、购物中心、白金五星级酒店、一流院线、高档住宅、餐饮、娱乐、休闲于一身，将打造为马鞍山市城市商业名片。

本案设计灵感来源于"项羽投江，马鞍落地为山"的典故，建筑综合体包含裙楼和一对塔楼，状若马鞍，建筑高度为240 m，是安徽省最高的城市商业地标建筑，寓意为"崛起的马鞍山"。

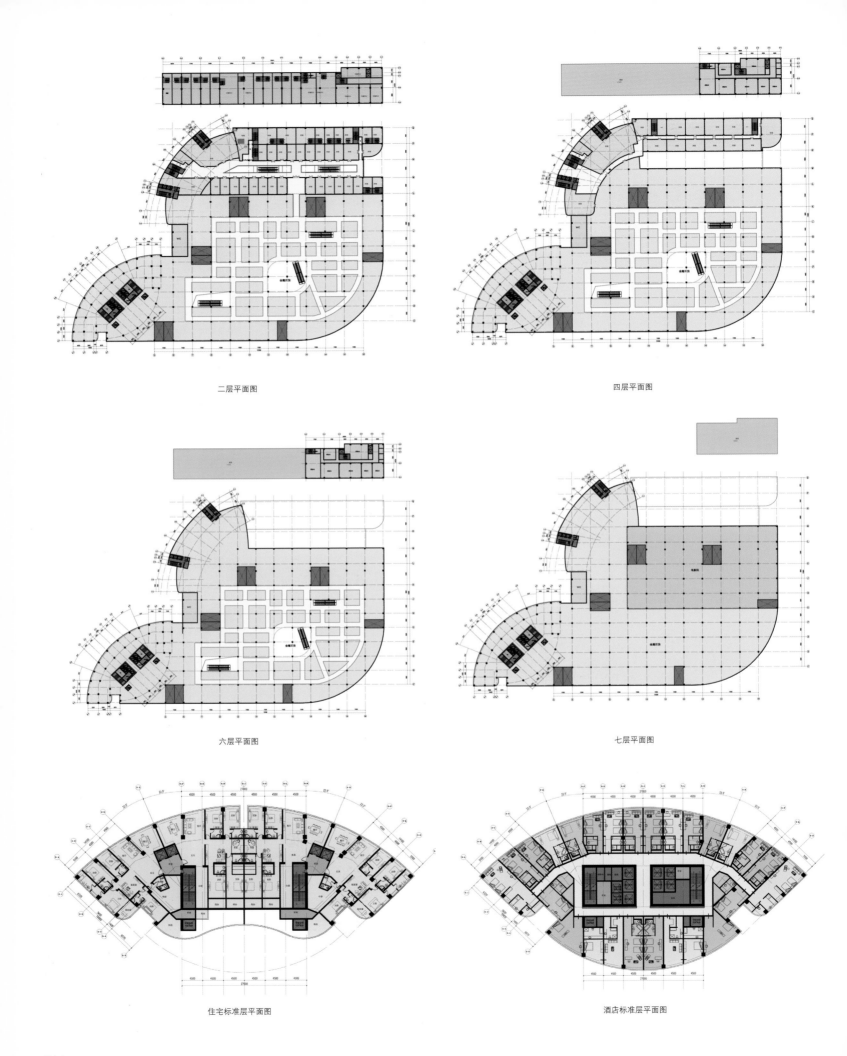

二层平面图

四层平面图

六层平面图

七层平面图

住宅标准层平面图

酒店标准层平面图

苏州协鑫商业综合体

项目地点：苏州市
业　　主：江苏协鑫房地产有限公司
设计单位：江欢成建筑设计有限公司
用地面积：71 500 m²
建筑面积：430 000 m²

项目地块位于苏州新区狮山路北侧，西望苏州乐园，与香格里拉隔街而立。地块面积71 500 m²，建筑面积430 000 m²。项目为城市综合体和服务式公寓。

设计以曲线和波浪为主题，高约230 m的主塔犹如拔地而起的龙卷飓风直冲云霄，底部裙房依附于主塔一侧，其螺旋形的平面自然地形成了商业动线。

北面的服务式公寓社区里，呈波浪形的板式公寓塔楼错落有致，既围合了一大片集中绿地，也保证了水平向视觉走廊的通透。

一层平面图

主要商业面积集中在南面地块,北面地块的两层底商与南面呼应形成商业街,
北面地块可以作为一个或两个SOHO小区自成一体。

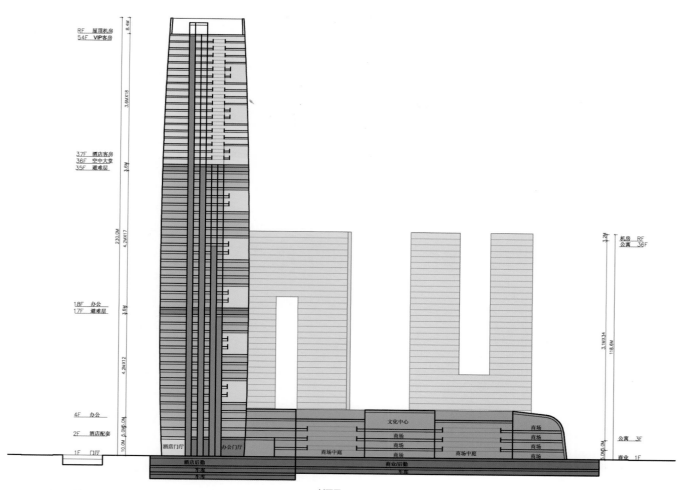

剖面图

武汉万达中心

项目地点：武汉市
业　主：万达集团
设计单位：上海霍普建筑设计事务所有限公司
建筑面积：136 000 m²
设计时间：2009年
项目状况：竣工完成

武汉万达中心的设计手法简单明了，威斯汀酒店和写字楼两座塔楼以波浪型的玻璃幕墙，形成明晰的轮廓。波浪形的玻璃幕墙在日光的照射下闪闪发光，和滚滚长江水相映成趣，活跃灵动。同时建筑在空间布局上与城市景观形成互动，威斯汀酒店和写字楼都有三个立面可俯瞰美丽壮观的长江胜景。裙房与基地内的商铺、住宅共同围合形成一个中心园林，成为酒店宾客轻松共享的幽静花园。

区位分析

武汉万达中心位于武汉市武昌区临江大道东侧，由超高层甲级写字楼和威斯汀酒店两座塔楼共同组成。项目东至和平大道，南临锦江国际城，西至临江大道，北至规划路，处于武汉地理、政治、文化、商业中心，依临长江、东湖、沙湖"一江两湖"旖旎风光。

规划布局

北侧威斯汀酒店共20层，客房总数量为308套，其中单、双床客房282套，行政、豪华、焕彩及总统套房等20余套。裙房设有知味餐厅、思悦兹饼屋、中国元素餐厅、酒吧及雪茄廊、大堂吧、威斯汀私人雅间等。酒店还拥有超过2 890 m²的灵活会议室及多功能空间，1 488 m²的豪华宴会厅为举办活动提供了一个优雅迷人的环境。

南侧为42层181.9 m高的超高层5A写字楼，设计服务人数为6 000人。

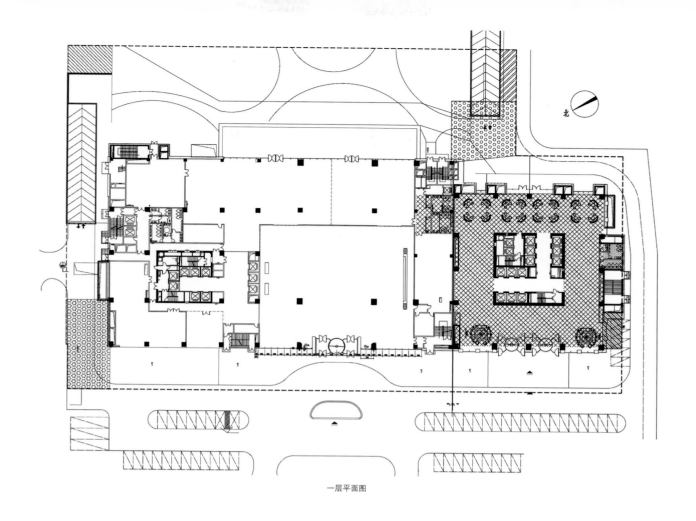

一层平面图

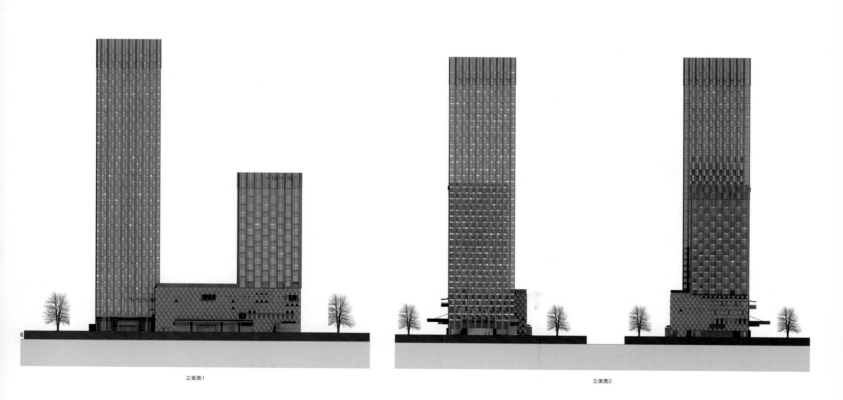

立面图1

立面图2

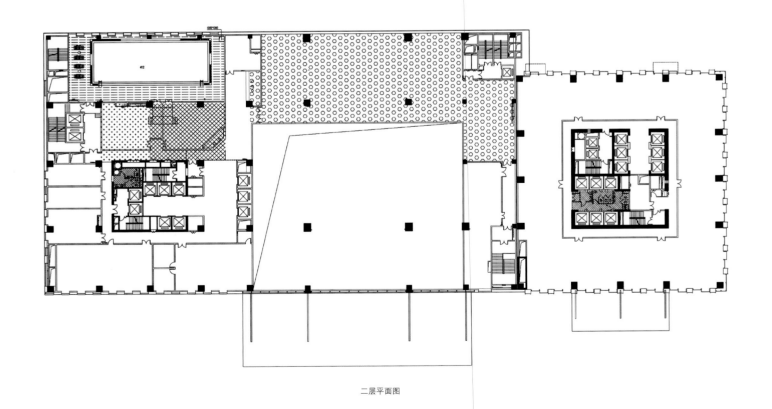

二层平面图

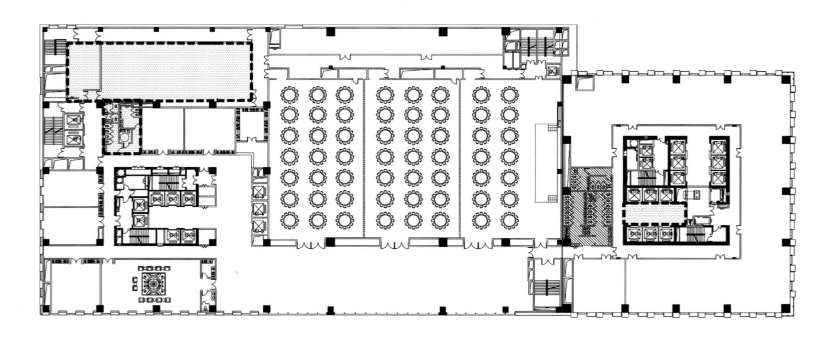

三层平面图

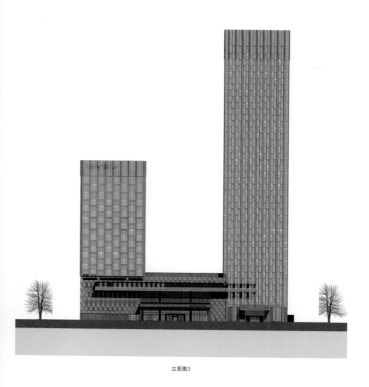

立面图3

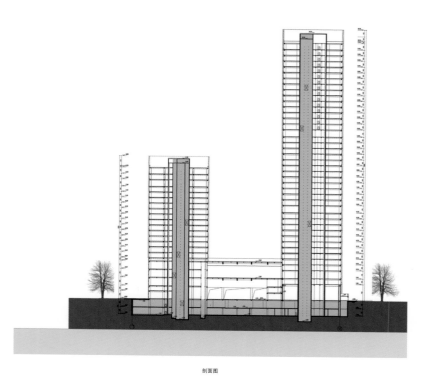

剖面图

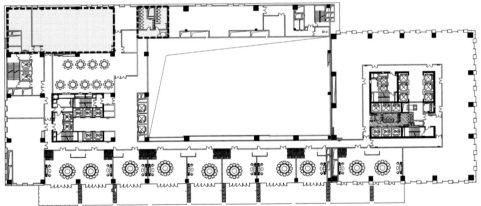

四层平面图

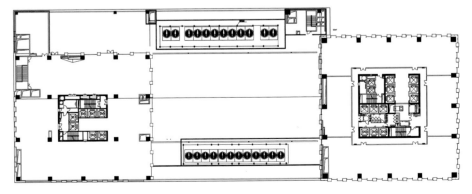

五层平面图

南通文峰城市广场

项目地点：南通市
业　　主：南通新景置业有限公司
设计单位：上海霍普建筑设计事务所有限公司
建筑面积：243 000 m²

本工程建设场地位于江苏省南通市，地块用地面积为63 155 m²。用地北临虹桥路，东至工农路，南面为10 m宽的规划道路，西临现状城市景观河道。地块西部规划为住宅用地，东部规划为商业办公用地。设计范围包括五栋高层住宅及其配套用房、一栋23层高五星级酒店、一栋39层高办公楼及裙楼。

设计理念

以人为本：从布局形式、空间尺度、环境氛围到单体设计，都体现出亲和力和温馨感，满足人们物质生活和精神生活的双重需要。

现代感的建筑形象：本建筑造型以参数化的设计手法，结合建筑平面功能，整体中见变化，获得极具现代感的建筑形象。

环境效益、经济效益、社会效益有机结合：合理规划，通过规划城市人流、车流流向及商业地块价值分析，将高层酒店、办公塔楼错落布置，创造良好的城市天际线；底层商业主力店沿路整体布置，通过体形组合，形成完整的商业界面，并在道路交叉口结合商业入口设置商业广场，给予地块"磁性的场所感"，聚集商业人气并最大限度地争取人流，使得地块商业价值得以提升，成为充满活力的有机部分。

	商业		商住楼		酒店
	商业内街		住宅		办公楼

功能分析图

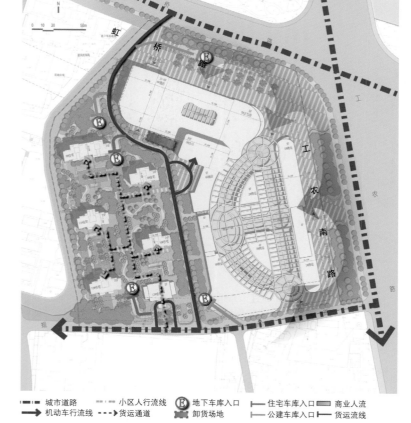

	城市道路		小区人行流线		地下车库入口		住宅车库入口		商业人流
	机动车行流线		货运通道		卸货场地		公建车库入口		货运流线

交通流线分析图

 绿化建筑面积：18 947 m²

绿化面积分析图

景观节点 ➡️ 景观视线 〰️➡️ 景观轴线 ▪️小区景观 ▪️道路绿化 ▪️城市绿化

景观绿化分析图

迪拜散步道

项目地点：迪拜
业　　主：Nakheel
设计单位：ATKINS
建筑面积：1 060 000 m²

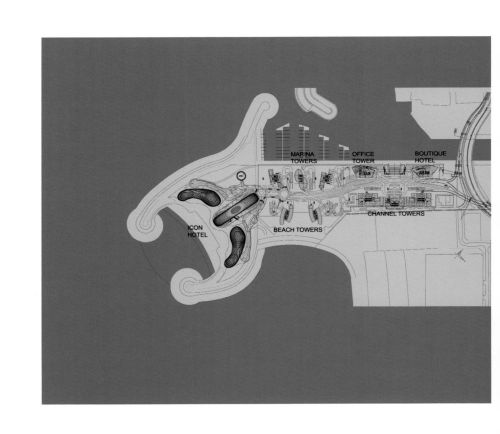

　　纳克希尔（Nakheel）公司正在对迪拜码头附近一个被称为"散步道"的独特区域进行开发建设。迪拜码头是世界上最大的人工水上开发项目之一，而相继开发的散步道是该地区最后一块朝向阿拉伯海湾的地块。

　　散步道项目被规划为高端混合功能综合社区，并且配有创新型住宅、豪华酒店、一流的办公空间、丰富的零售空间以及许多其他公共设施。该项目的建筑特点包括独特的造型和边缘切削设计，这一点将提高全球建筑开发标准。预计整个区域将拥有1万户居民，人口总数有望达到2万。

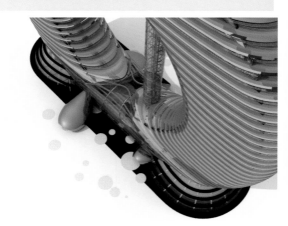

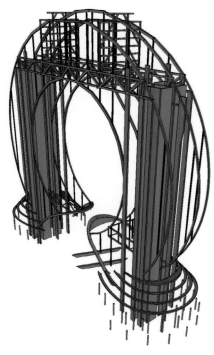

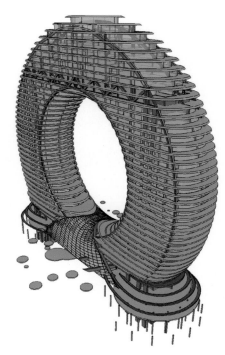

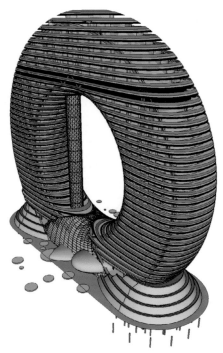

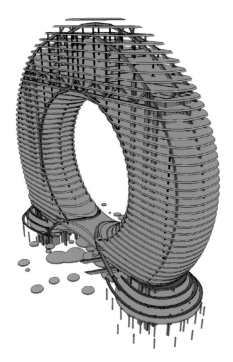

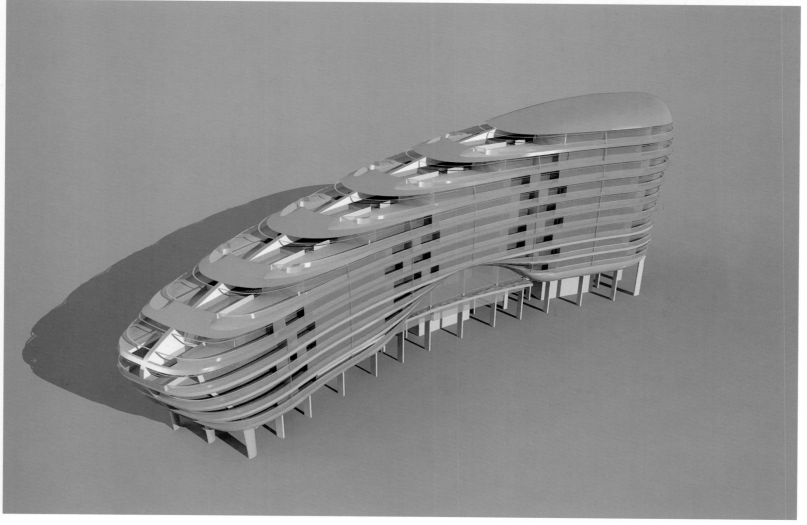

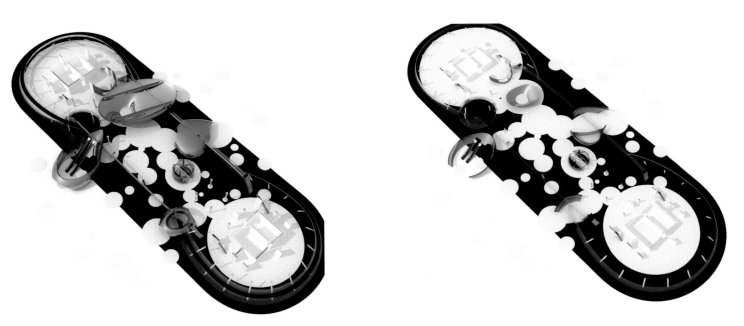

雅加达南部中心综合体发展项目

项目地点：雅加达
设计单位：ATKINS
用地面积：136 600 m²
建筑面积：472 120 m²

　　该设计方案的灵感来自印度尼西亚的自然风光，将建筑元素的外观形状最小化，从而在建筑和自然环境之间形成一种和谐美。该项目的有机布局将各种形式彼此融合到一起，在内外空间之间产生一种流动的整体效果，成功创造出一个健康的生活与工作环境。

　　可持续性始终是该设计方案的核心，也是该项目对雅加达南部地区公共空间的一项主要贡献。

　　巨大的ETFE薄膜圆顶的下面是零售中心，圆顶上面设计了多功能甲板。该空间为整个开发项目提供了一个中心广场，周围精心设计的景观元素、水上木板上的户外餐饮区以及多样化的户外空间为人们提供了极具吸引力的环境体验。

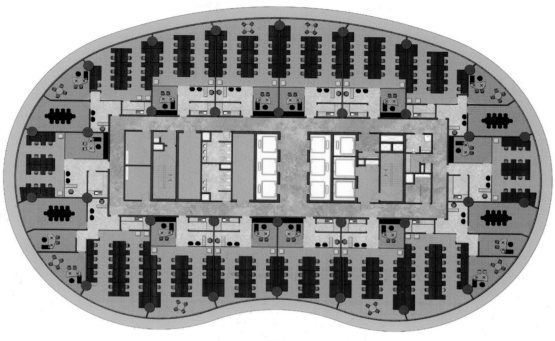

平面图

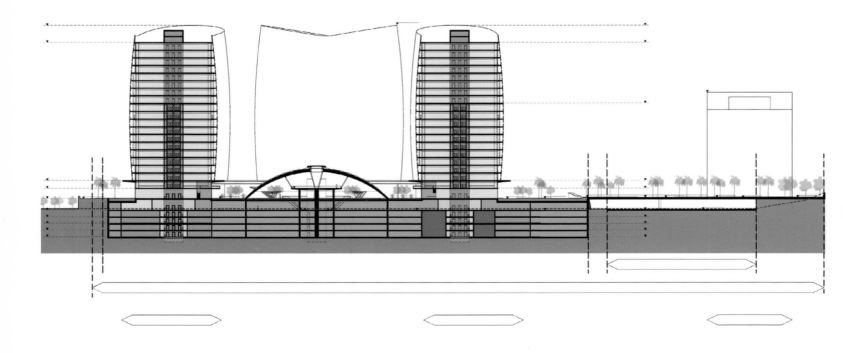

天津泰达现代服务产业区（MSD）

项目地点：天津市
设计单位：ATKINS

　　泰达现代服务产业区"MSD拓展区"在天津滨海新区经济技术开发区内，距市区45 km，紧邻天津港、保税区，总规划面积约41 km²，项目地处泰达现代服务产业区百米绿带南侧，北临发达街，南临第二大街，西临南海路，东接北海路。规划范围内由西向东依次将基地划分为五个区：E区、F区、G区、H区、I区。E区由南海路、发达街、巢湖路和第二大街围合而成；F区由巢湖路、发达街、新城西路和第二大街围合而成；G区和H区由新城东路、发达街、北海西路和第二大街围合而成；I区由北海西路、发达街、北海路和第二大街围合而成。

　　通过设计建立规划区域与周边产业区协调连贯的整体构架，完善整个MSD拓展区的功能，梳理交通系统，创造充满活力的、高品位的、高档次的、生态环保的金融服务环境，以适应滨海新区核心区的发展定位和泰达现代服务产业区整体化、国际化、现代化的新形象要求，提升区域价值。

　　结合"折板"城市的设计理念，规划区域内的建筑在平面上以"抽屉"模式布局，通过抽拉和错位，每组建筑平面按照"品"字形布局，通过建筑空间的变化，创造了面向城市绿化带的开放空间，并将外部城市景观通过"渗透"的方式引入基地建筑组团中，为办公建筑提供最大化的景观视野。

　　建筑设计将绿化引入建筑表皮设计，"绿墙"和"屋顶花园"与城市、基地内的绿化，构筑起一个立体的城市绿化空间，提供舒适的办公、商业环境，也体现出建筑的可持续发展性。

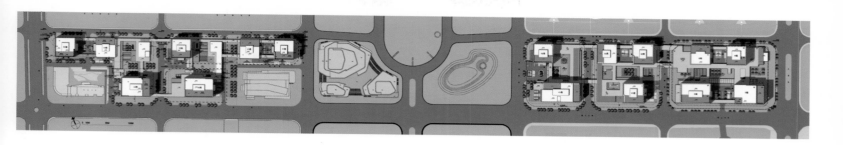

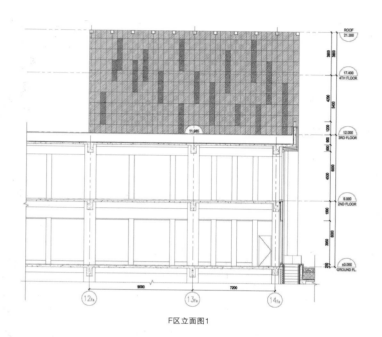

F区立面图1

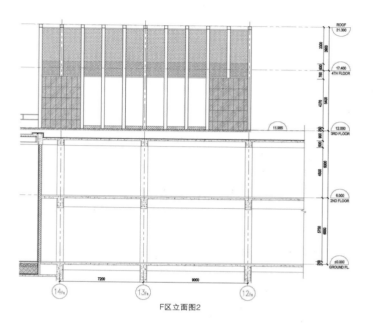

F区立面图2

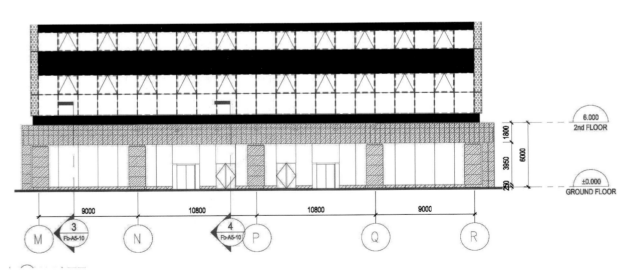

F区立面图3

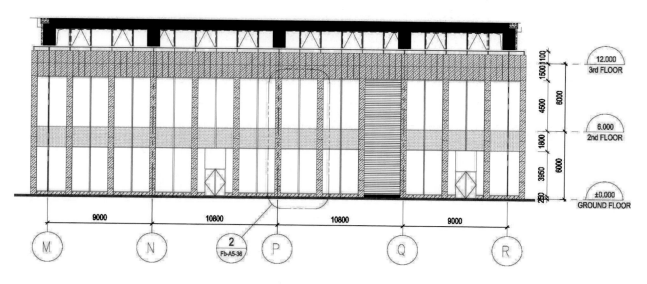

F区立面图4

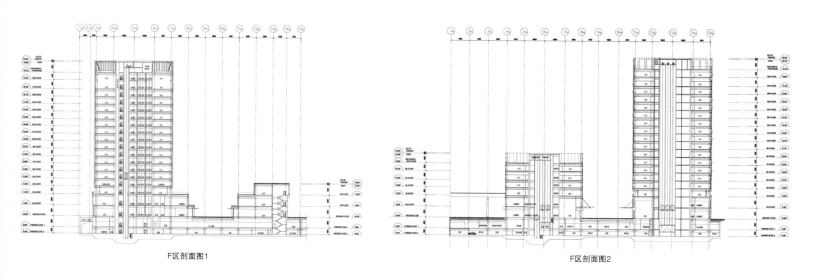

F区剖面图1

F区剖面图2

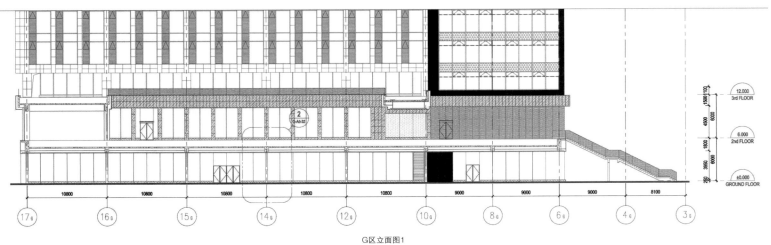

G区立面图1

G区剖面图2

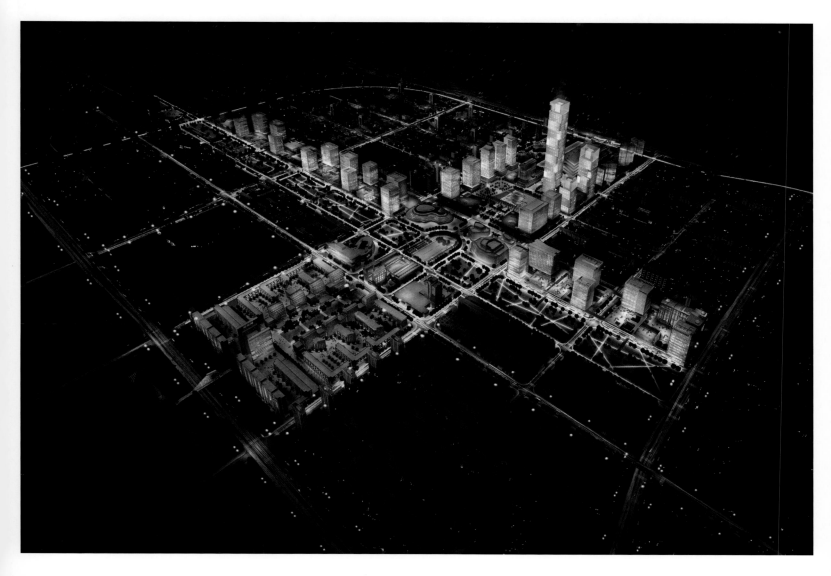

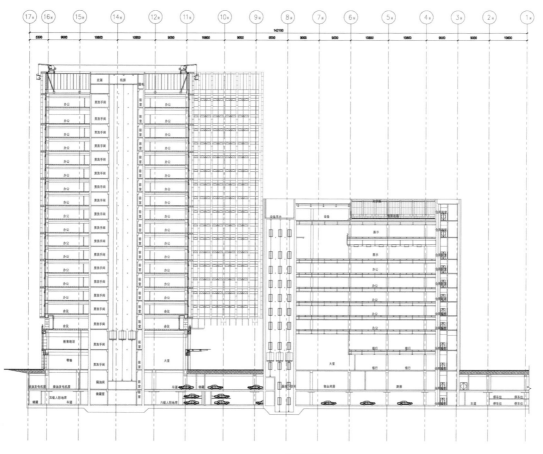

G区剖面图1

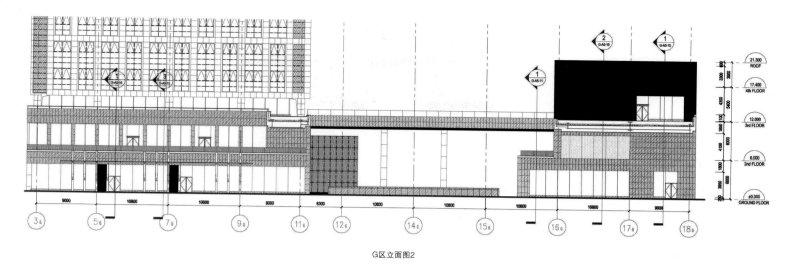

G区立面图2

创维公明新城

项目地点：深圳市
业　　主：新创维电器(深圳)有限公司
设计单位：ATKINS
建筑面积：422 990 m²

　　该项目地处深圳西部光明新区，是集居住、购物、休闲、娱乐、办公于一体的首个中高端绿色城市综合体，利用天桥与地铁六号线直接相连。建筑面积为422 990 m²；包括17栋100 m高的住宅，3栋弧形塔楼（1栋酒店+办公，高250 m，2栋分别为85 m和135 m高的公寓），5层高的大型商场及3层高的商业零售村。项目集中设置61 000 m²的独立购物中心，内置餐饮、KTV和电影院。

　　绿色节能是此项目的设计重点之一，塔楼南北向采用横向遮阳，东西向采用竖向遮阳，购物中心裙房顶部采用弧形大格栅，既可遮阳又不影响采光通风，并设置屋顶空中花园，对社会开放，打造成当地的城市大客厅。

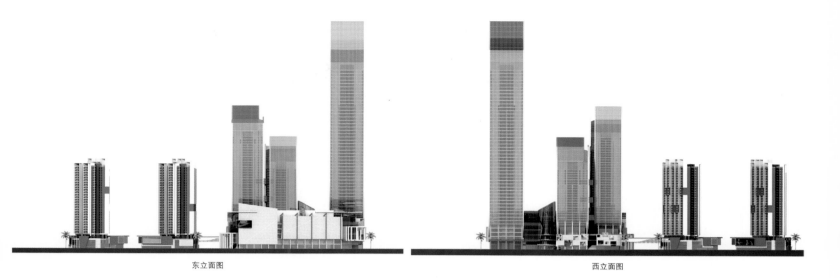

东立面图   西立面图

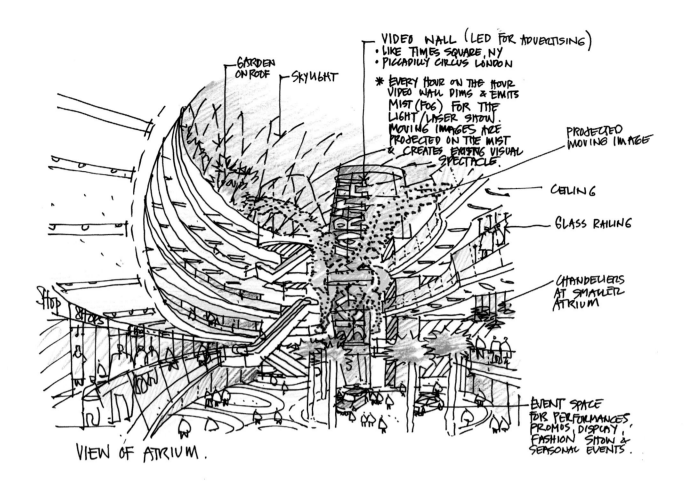

GARDEN ON ROOF — SKYLIGHT

VIDEO WALL (LED FOR ADVERTISING)
• LIKE TIMES SQUARE, NY
• PICCADILLY CIRCUS LONDON

★ EVERY HOUR ON THE HOUR VIDEO WALL DIMS & EMITS MIST (FOG) FOR THE LIGHT/LASER SHOW. MOVING IMAGES ARE PROJECTED ON THE MIST & CREATES EXITING VISUAL SPECTACLE.

PROJECTED MOVING IMAGE

CEILING

GLASS RAILING

CHANDELIERS AT SMALLER ATRIUM

EVENT SPACE FOR PERFORMANCES, PROMOS, DISPLAY, FASHION SHOW & SEASONAL EVENTS.

VIEW OF ATRIUM.

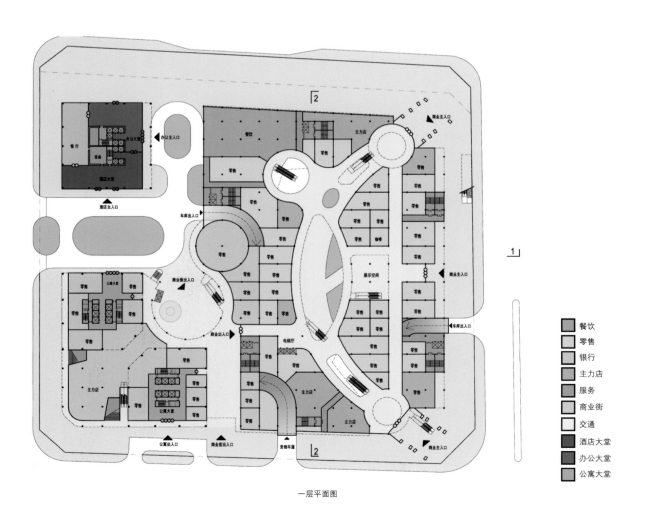

一层平面图

餐饮
零售
银行
主力店
服务
商业街
交通
酒店大堂
办公大堂
公寓大堂

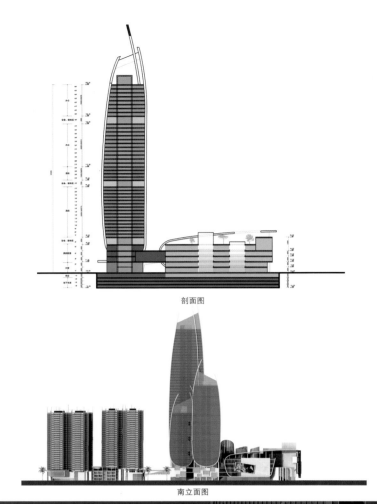

剖面图

南立面图

珠海华融横琴大厦

项目地点：珠海市
设计单位：ATKINS

阿特金斯（ATKINS）公司依据基地现有环境条件，提供了一个醒目、现代且符合开发商华融置业有限公司愿景的设计，因此被华融选中作为夺标设计。

设计董事麦意安先生表示："此项目中外形流畅生动的大厦经过精心设计，使酒店客人及办公楼用户均可以眺望到澳门地标性建筑美景。同时，大厦还照顾到周边地区视野及未来潜在发展项目。我们的设计不仅绿色环保，还充分提升了当地连接性以及发展潜力。"

此项目虽然是阿特金斯（ATKINS）公司与华融的首次合作，但凭借中国华融的雄厚企业实力，珠海华融横琴大厦将成为珠海市最新标志性建筑。

剖面图1

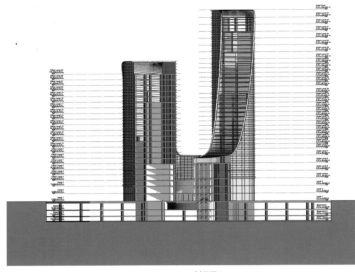

剖面图2

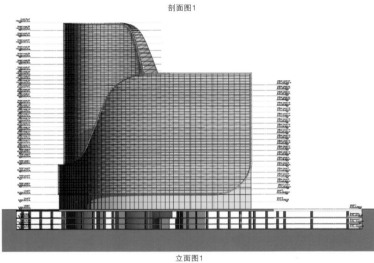

立面图1

立面图2

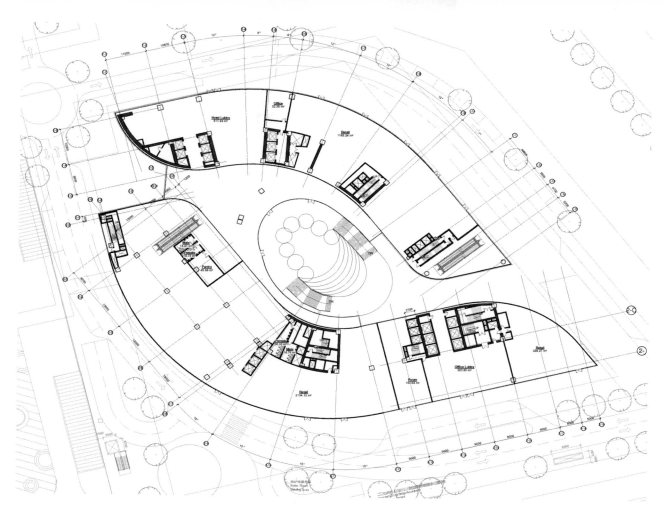

平面图

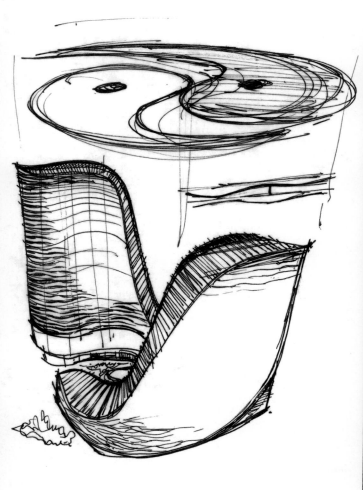

马斯喀特银行总部

项目地点：马斯喀特
业　　主：Bank Muscat
设计单位：ATKINS
建筑面积：31 000 ㎡

　　阿特金斯（ATKINS）公司受托为阿曼马斯喀特银行重新设计一个公司总部大楼。新的银行地址位于马斯喀特北部发展最快的区域之一，接近马斯喀特国际机场。该银行与现有路网以及规划中的主要路网之间有方便的交通连接，最多能够容纳2 000名员工。

　　项目由四个彼此相连的建筑组成，并且在建筑的四个方向上设计了景观街道。建筑的每个部分具有不同的功能，通过运营中心连接成一个统一整体。街道宽15 m、长150 m，其间设计了多个零售商店、餐厅、咖啡厅、报亭、干洗店以及儿童娱乐和健身等设施，为员工和顾客打造了一个类似于社交或休闲网络的公共区域。

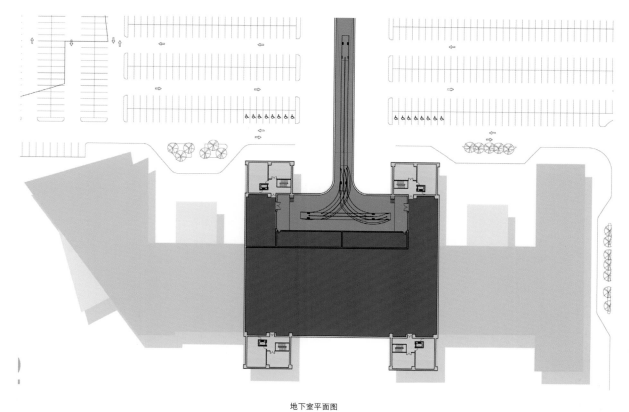

地下室平面图

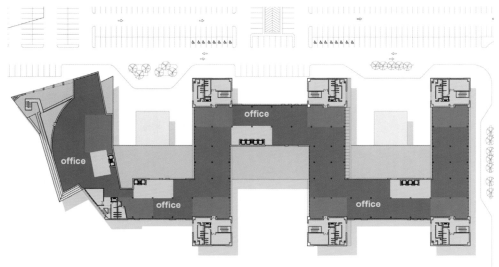

一层平面图

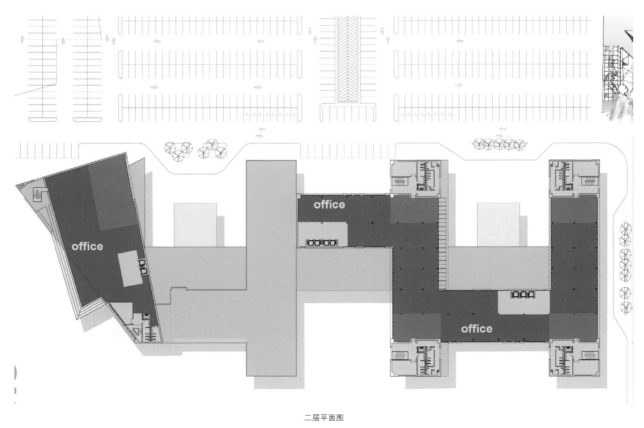

二层平面图

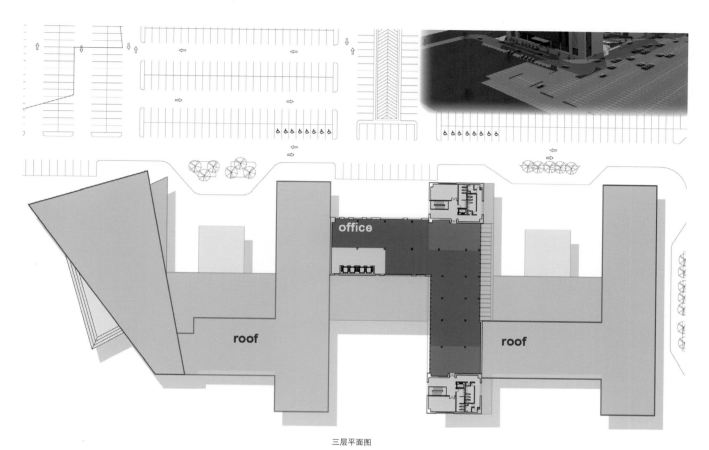

三层平面图

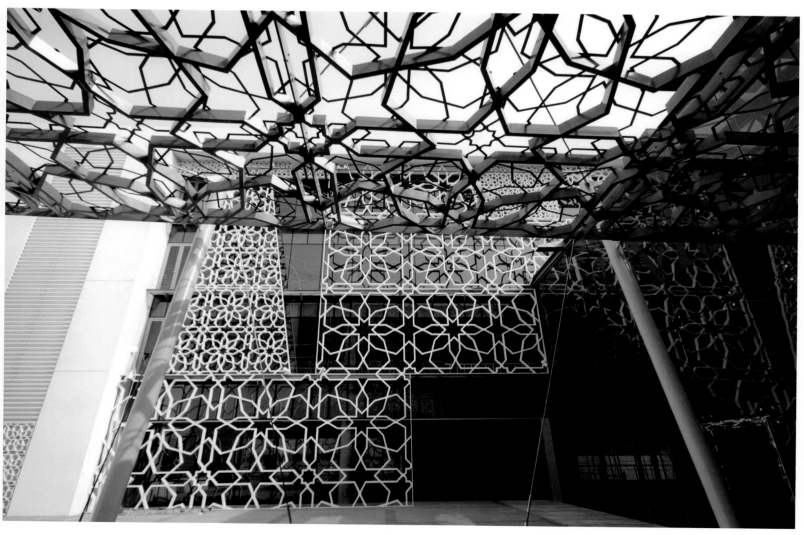

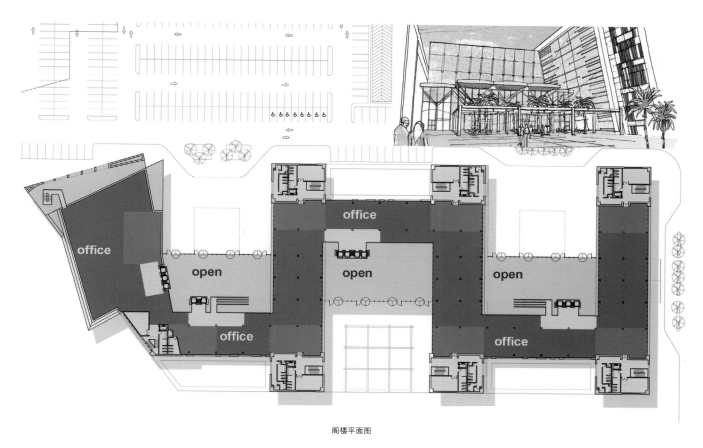

阁楼平面图

成都花样年·喜年广场

项目地点：成都市
业　　主：花样年集团
设计单位：AECOM
用地面积：9 000 m²
建筑面积：132 093.42 m²

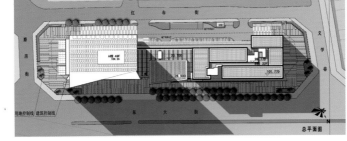

总平面图

项目位于成都市中央商业区外围的东大街，是成都已建成的最高建筑，由东西两座塔楼及与之相连的商业裙楼组成。

在东塔楼的设计上，考虑到标准层面积小，力求做到体量单一完整，顶部造型简洁而鲜明，具有较强的标志性。立面结合建筑性质以竖向线条肌理为主，对比横线条，追求时尚而亲切的品质。西塔楼呈L形，结合内部功能的竖向划分处理体量及立面肌理，形成高品质的形象，与东塔楼协调。裙楼一、二层通透的落地玻璃营造出良好的商业氛围；三至六层完整的竖向玻璃密肋幕墙提供了干净完整的立面，保证了商业裙楼的品质，更是其功能的反映；二层的雨篷提供了开敞的骑楼空间。

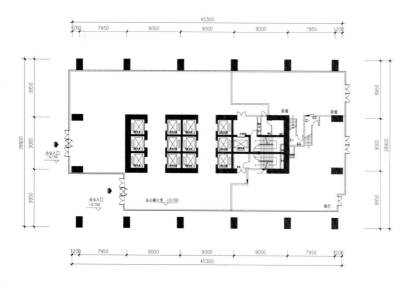

办公楼一层平面图

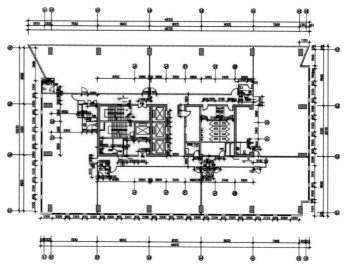

42~48层平面图

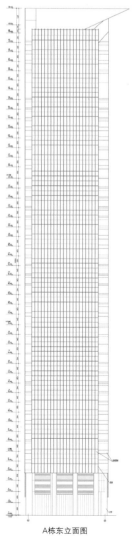

A栋东立面图

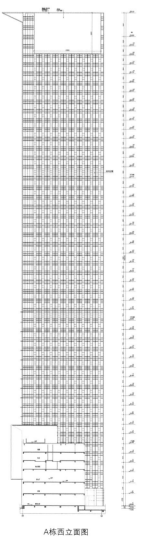

A栋西立面图

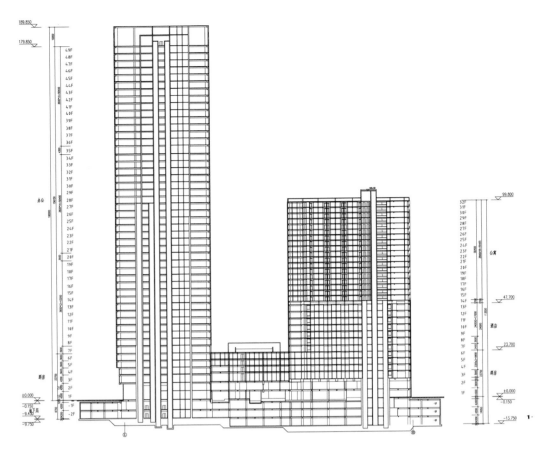

剖面图

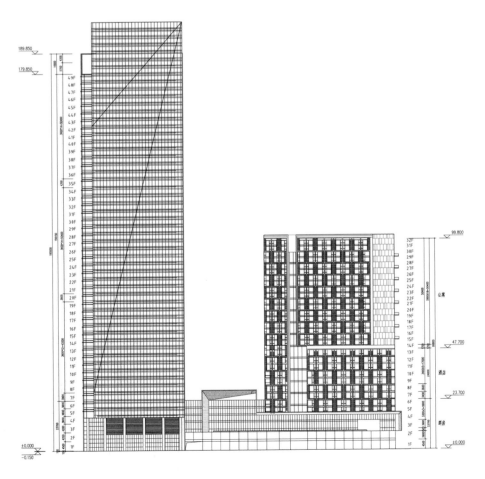

北立面图

柳州地王财富广场

项目地点：柳州市
业　　主：广西地王集团
设计单位：AECOM
用地面积：71 200 m²
建筑面积：644 802.6 m²

　　该项目总建筑面积644 802.6 m²，由超高层办公楼、财富MALL及财富公馆群落三部分组成。超高层办公楼的建筑高度为303 m，是柳州的地标性建筑，也是广西在建中最高的项目。财富MALL运用城市综合体（HOPSCA）的设计元素，营造建筑"灰空间"、水系景观、柳州石观、休闲公园小品，游乐设施穿梭于商场、街铺、交通岛之间，延伸人流的停歇空间及视线，体现"商道即人道"的设计理念。

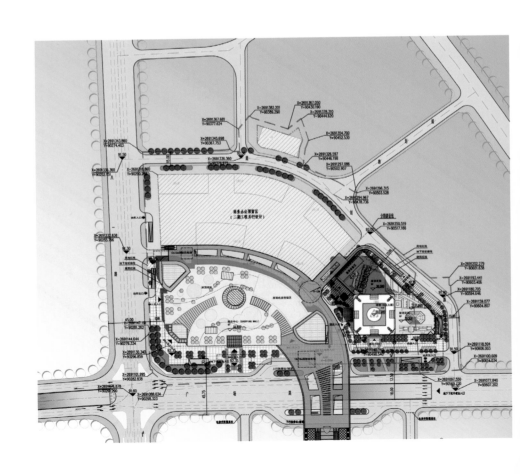

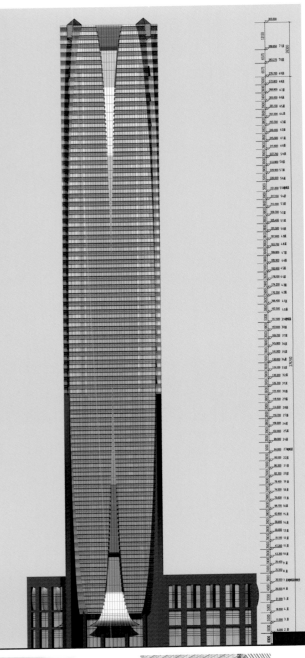

石家庄国际会展中心

项目地点：石家庄市
业　　主：石家庄市政府
设计单位：WOODS BAGOT
合作单位：中元国际
用地面积：670 000 m²
建筑面积：380 000 m²

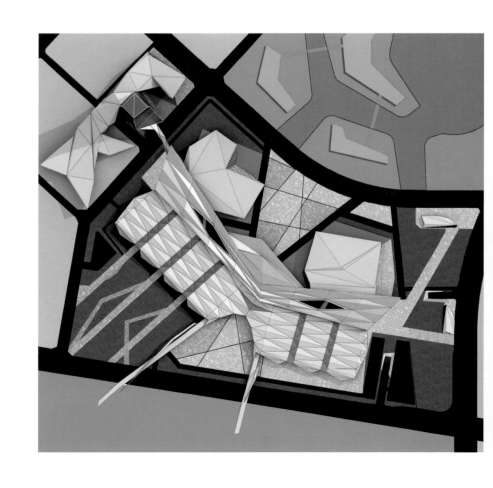

　　石家庄国际会展中心是一个宏伟的地标性文化与综合应用项目，位于中国的北方。该设计的主要价值取向是将会展设施与一个融五星级酒店、服务式公寓、高级写字楼的330 m高的综合应用大厦于一体的建筑相互结合。项目的亲水特点以及城市公园、餐饮和商铺设施为这座城市打造了一个全年活跃的公共空间。

　　该项目的总体规划设计考虑了周边区域与河流的相互结合。设计语汇源自周边田野造型以及对中国传统碎冰式屏风的追忆。凭借其随性且抽象的外形，所采用的设计语汇体现了多样活力和高度的艺术感。

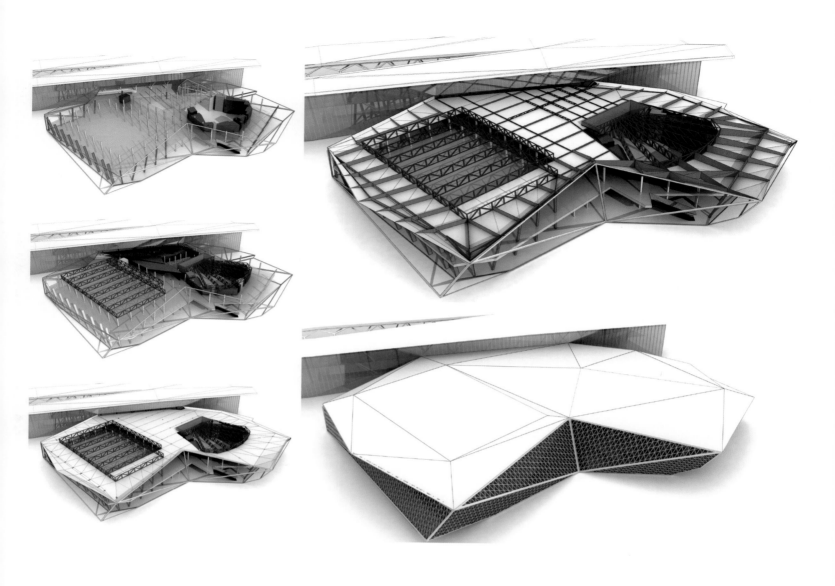

083

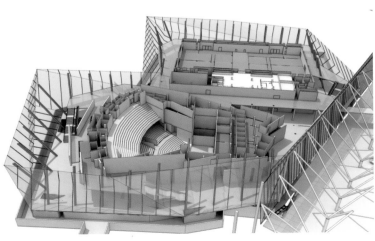

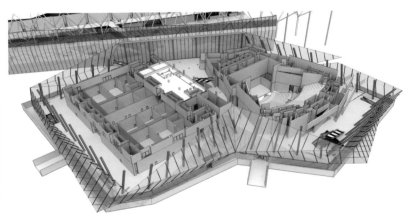

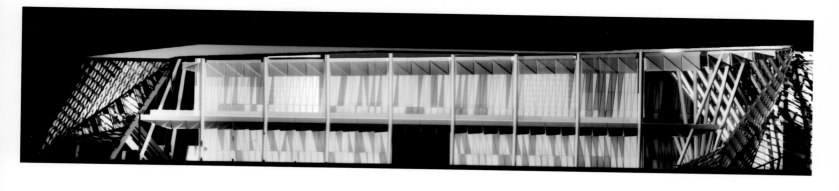

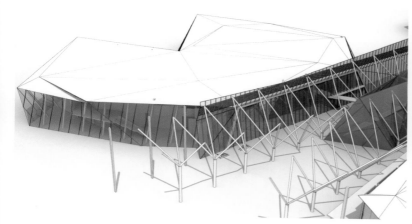

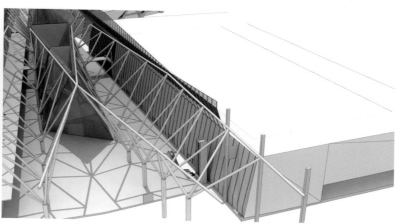

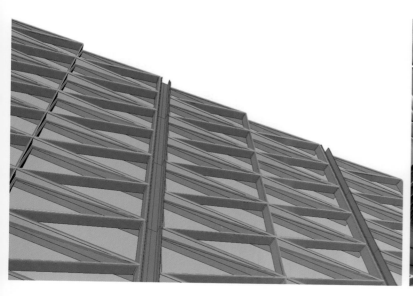

万翔世纪中心

项目地点：杭州市
业　　主：浙江万翔房地产有限公司
设计单位：WOODS BAGOT
商业建筑面积：14 800 m²
办公建筑面积：160 000 m²
酒店建筑面积：30 000 m²

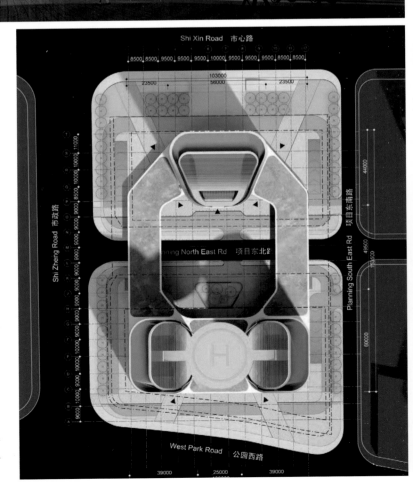

　　与连接老城区的钱江世纪城地铁站和城市干道市心路相毗邻，由三座塔楼组成的项目占据了崛起中的杭州世纪中心金融区的核心门户要地——万翔世纪中心。这一综合体涵盖160 000 m²的办公空间，30 000 m²的酒店，20 000 m²的服务式办公空间以及14 800 m²的商业空间等诸多功能分区，借由开放空间的引入，为城市带来生机与活力。

　　项目的设计概念源自三个方面：最大化日照与景观，创造有力的塔楼造型组合以及材质的整合。设计着力于在项目内外开创最优的日照及景观效果，以提升生活品质。先进的工具、手法和分析被用以协调塔楼的间距，优化每座塔楼在基地内的位置，为项目整体确立强烈的视觉组成和身份。这样的布局使塔楼彼此保持足够的间距，室内的景观视线和日照光线因此而得到最大的拓展。同时，塔楼周围的风环境得到优先日照，投影也由此优化减轻，日光得以穿透遮蔽，倾泻于地面。

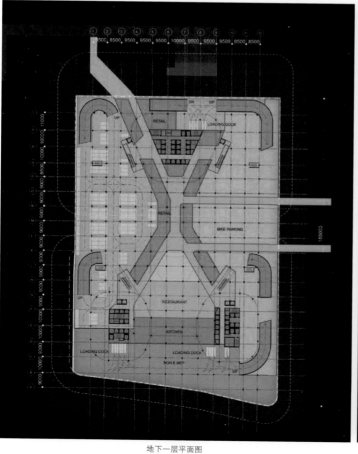

地下一层平面图

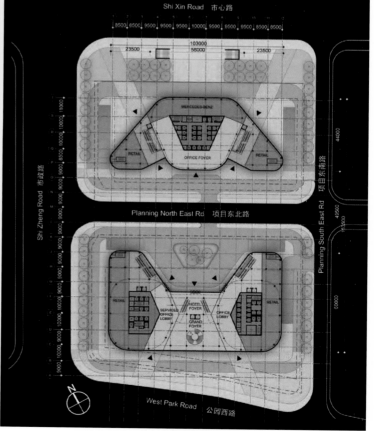

一层平面图

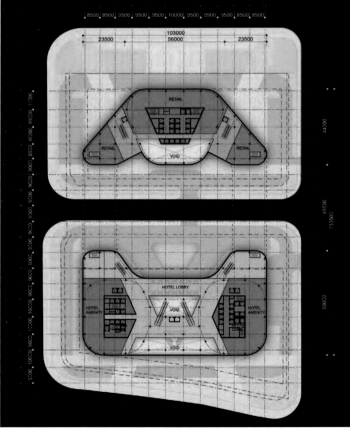

二层平面图

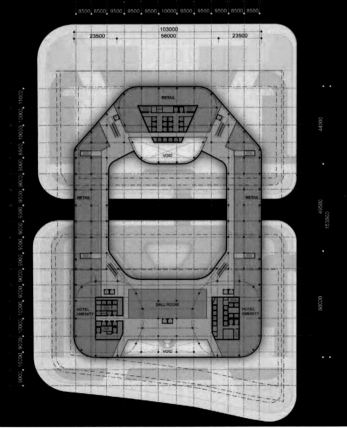

三层平面图

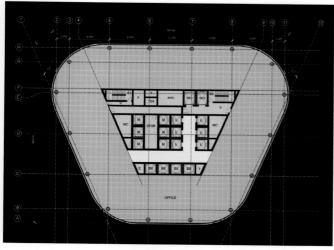

6~15层标准平面图

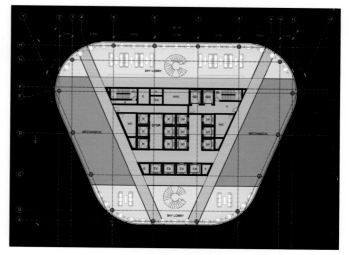

33层空中大堂转换层平面图

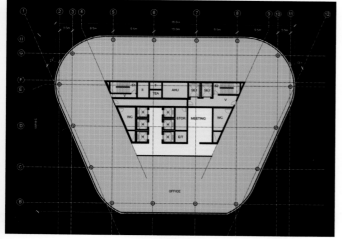

49~60层标准平面图

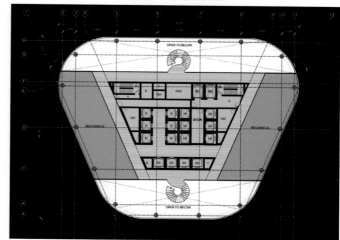

33层空中大堂夹层平面图

东立面图

南北剖面图

南立面图

东西剖面图

南通中央商务区 A-03 地块

项目地点：南通市
业　　主：南通中南新世界中心开发有限公司
设计单位：上海帕莱登建筑景观咨询有限公司
用地面积：56 835 m²
建筑面积：413 228 m²
容 积 率：4.38
绿 化 率：20.00%

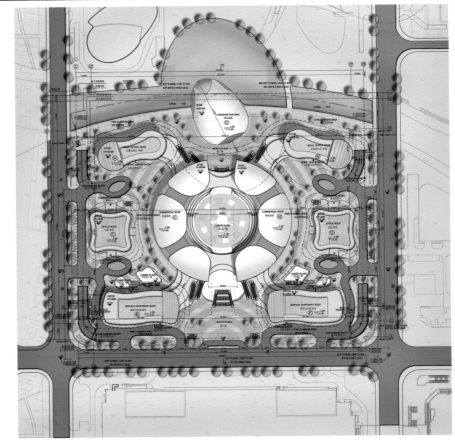

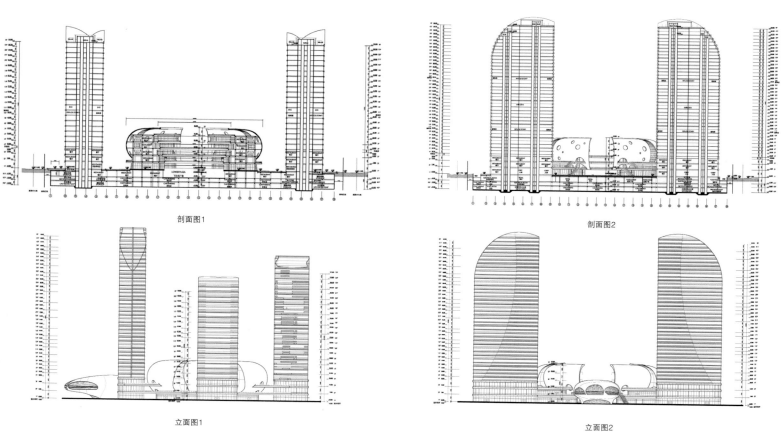

剖面图1

剖面图2

立面图1

立面图2

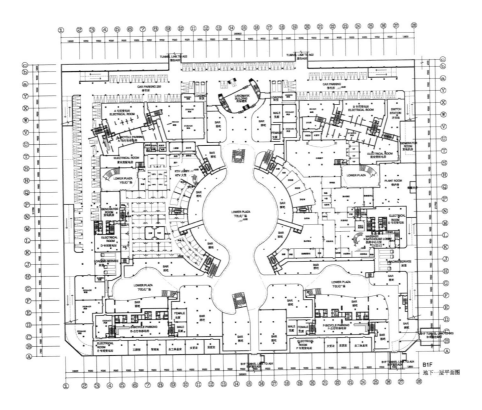

地下一层平面图

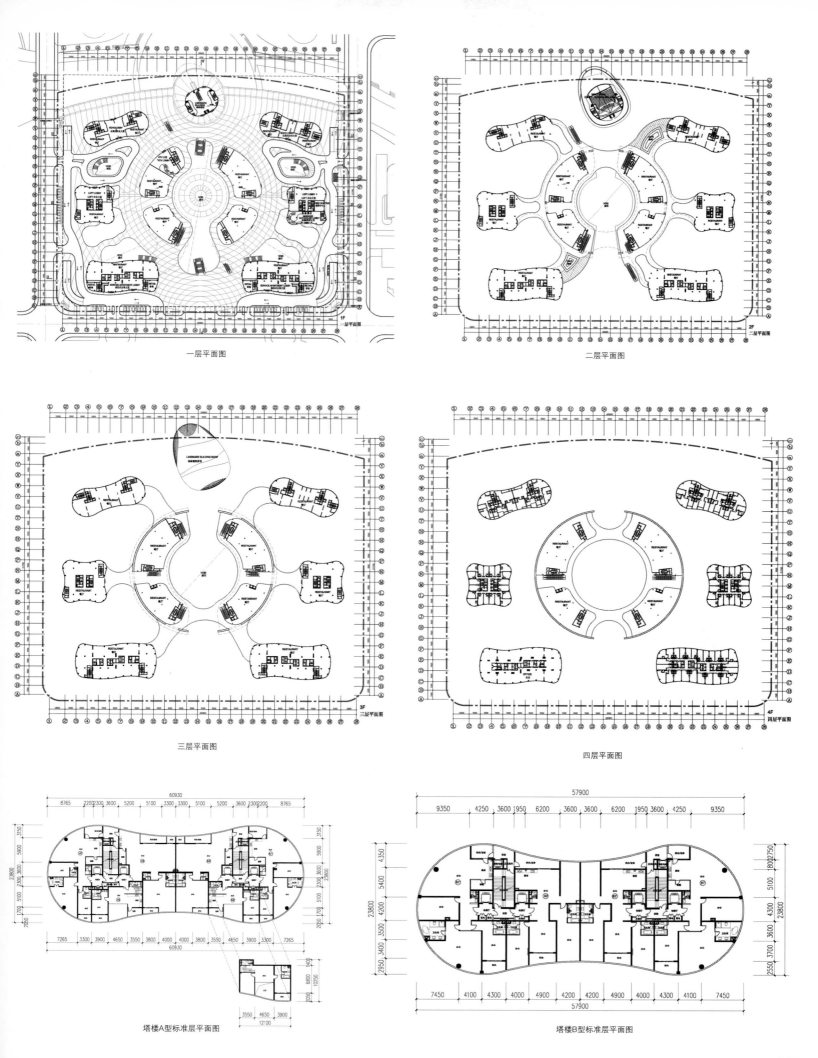

一层平面图

二层平面图

三层平面图

四层平面图

塔楼A型标准层平面图

塔楼B型标准层平面图

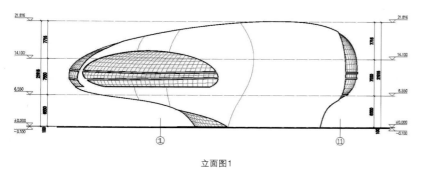

立面图1

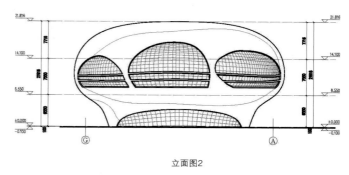

立面图2

郑州丹尼斯二七商业广场

项目地点：郑州市

业　　主：郑州丹尼斯百货有限公司

设计单位：上海帕莱登建筑景观咨询有限公司

用地面积：22 056 m²

建筑面积：388 080 m²

容　积　率：5.57

建筑密度：31.1%

绿　化　率：20.40%

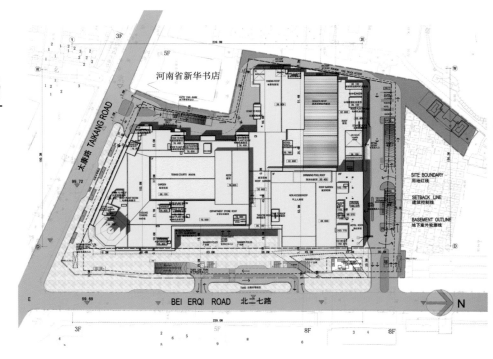

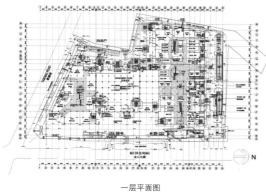

一层平面图

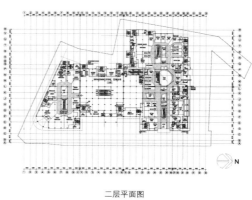

二层平面图

三层平面图

四层平面图

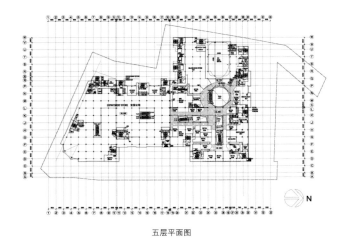

五层平面图

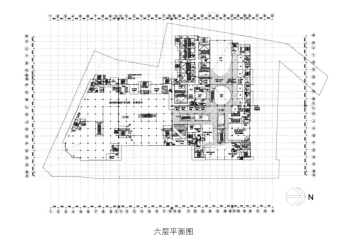

六层平面图

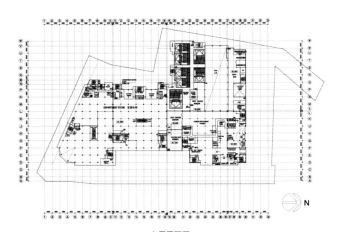

七层平面图

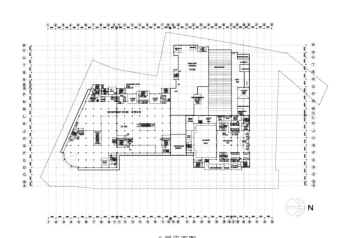

八层平面图

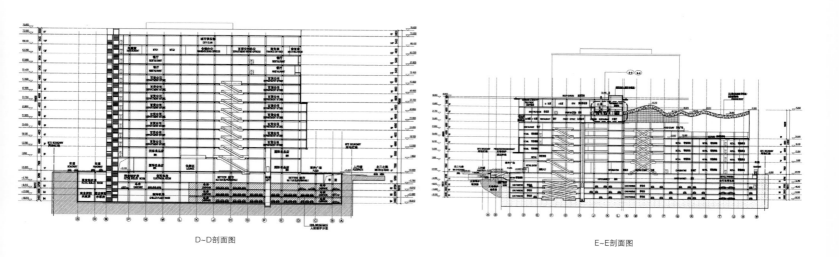

D~D剖面图

E~E剖面图

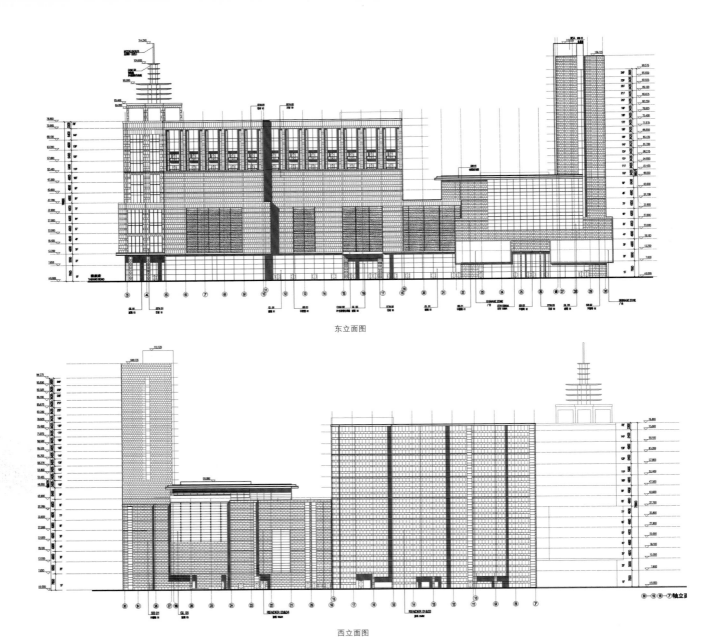

东立面图

西立面图

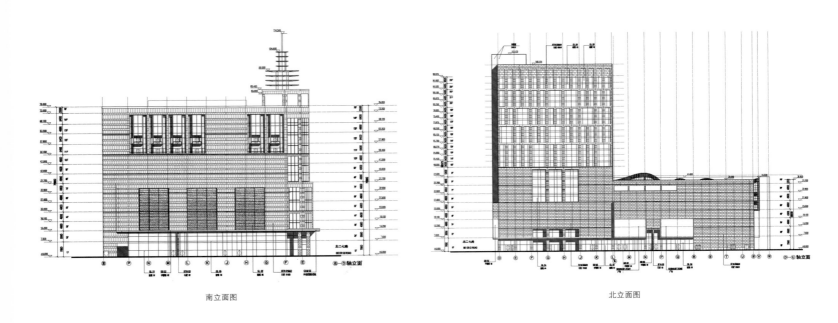

南立面图

北立面图

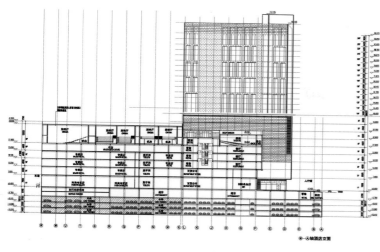

F~F剖面图

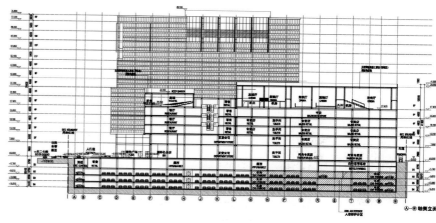

G~G剖面图

大连日报社

项目地点：大连市
设计单位：Graft
建筑面积：130 000 ㎡

Graft把设计焦点放在建筑外观的垂直度上面。这些塔楼由多个垂直平面组成，所有垂直平面在顶部像玻璃碎片一样被折断。随着太阳在天空中缓慢地移动，尖锐的顶部呈现出不同的亮度，就像沿山脉闪闪发光的山峰。此外，扭曲的玻璃楼顶形成戏剧性的内部空间，并且为住宅塔楼的顶层以及办公塔楼的会议室提供充足的日光照射。

建筑师配合建筑的垂直状态系统地采用了金属板，这些金属板在地面层以较大的密度将幕墙遮蔽起来，随着建筑高度不断增加，金属板的密度不断降低，从而使上面楼层能够获得更多的日照和更加广阔的视野。步行层采用了类似的系统，在水平方向延续这种设计效果。在底层，建筑体块经过弯曲和裁剪，形成类似地层一样的外观效果以及多个凸凹和悬垂元素，从视觉上将入口和室外空间连接起来，在各建筑之间为人们指引方向。在丰富景观环境的同时，塔楼的几何形状在人行道上形成弯曲多变的线条，成功创造出多个座椅元素和街道景观。

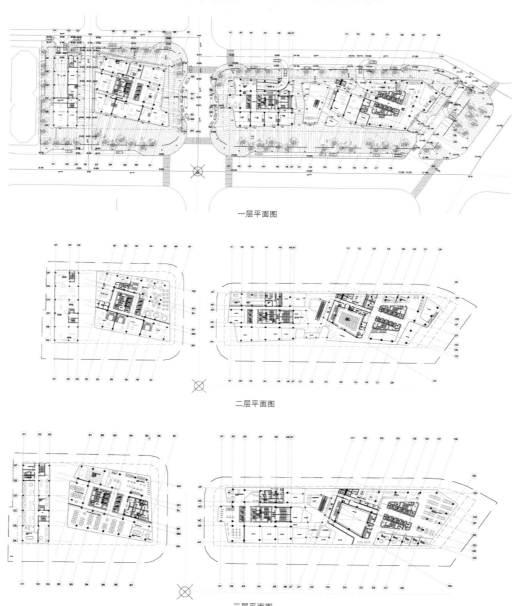

一层平面图

二层平面图

三层平面图

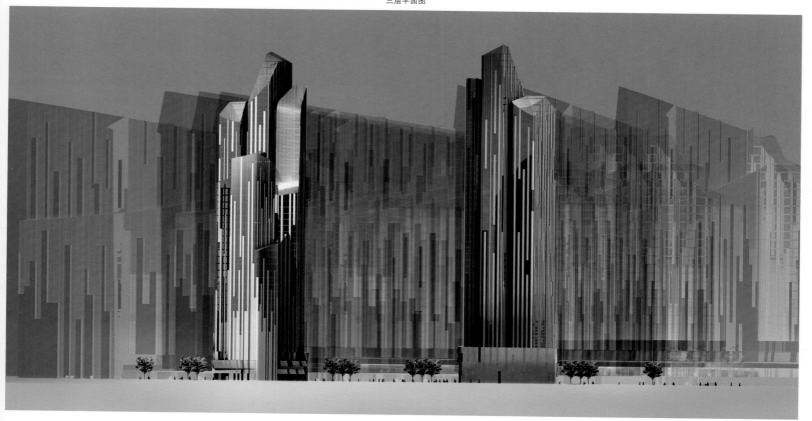

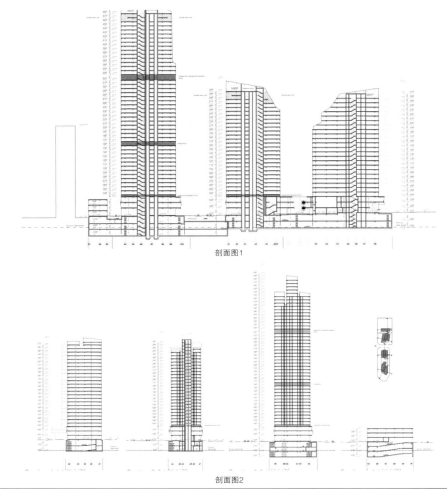

剖面图1

剖面图2

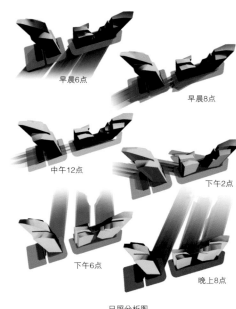

早晨6点

早晨8点

中午12点

下午2点

下午6点

晚上8点

日照分析图

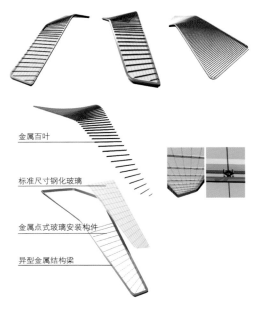

金属百叶

标准尺寸钢化玻璃

金属点式玻璃安装构件

异型金属结构梁

建筑屋顶设计方案细部解析图

大连友好广场

项目地点：大连市
设计单位：Graft
建筑面积：470 350 ㎡

　　著名的上海新天地为中国引入了一种全新的都市购物娱乐中心模式。小尺度广场和迷宫般小巷的布局与精品商铺和餐厅的活力组合相得益彰。这样的布局设置吸引人们聚集并深入探索，最适合既养眼又露脸的都市游戏。新天地的成功部分取决于其历史建筑（搭配精心设计的仿古附加建筑）的品质和舒适性，北京三里屯也将同样的概念融入现代世界建筑设计中。

　　这两个项目都得益于各自优越的地理位置——人口极度密集的高收入区。同时两个项目都有优秀的物业管理公司提供恰到好处的高端品牌、营销和娱乐活动综合支持服务，都是各自城市的地标建筑且同属零售业。

　　大连友好广场项目则将这一概念提升到新的高度：该项目在户外购物区之上的塔楼内增设大量豪华住宅、酒店和创意办公室，从而实现了三维拓展。此外，各下沉广场与大型地下零售娱乐区相通，可直接通往胜利广场地铁站。

　　友好广场项目内设居住区、购物区、创意办公区、画廊、酒店、饭店、影剧院、夜总会等综合设施，旨在打造大连新的24小时时尚生活中心。

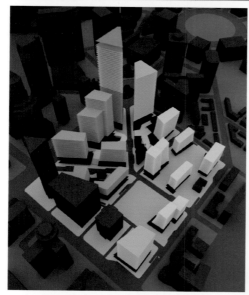

迪拜沙漠峡谷胜地

项目地点：迪拜
设计单位：Graft
项目面积：434 332 m²

　　该项目挑战传统城市规模，并且为不同交通工具分别划分相应的区域。虽然该项目的密度是这一设计理念的一个推动因素，但主要因素是业主对打造一个与周边开发项目彼此隔离的大规模内部世界的渴望。

　　这里将作为迪拜电影节新的举办地，因此娱乐功能是该项目的核心部分。剧场、影院、饭店和酒吧等功能巧妙地融入一个城市峡谷中，峡谷将街道上的人们引入低处阴凉的娱乐区域，最终到达一片完全与周边环境相互隔离的封闭式绿洲。峡谷里有各种表演和观赏机遇，并且被设计成一个单一的巨大场地，上面铺着一条长长的红地毯。

　　为了突出该项目，雕塑般的酒店大楼正对着旁边的公路，使人们想起奥斯卡奖杯。酒店大楼的设计目的是，当人们从地面上观看该酒店建筑时在各个楼层均能够产生一种公共目的地的感觉。设计师通过在酒店客房和核心部分插入公共设施，成功地在不同高度创造出多个大厅空间，每个大厅根据客房种类的不同均有各自的特点。一条高60 m的桁架像一根悬置的棒材从大厦的一侧一直到达大厦的顶部。建筑底部的弯曲部分就像一个黑洞，人们从这里可以进入建筑内部。

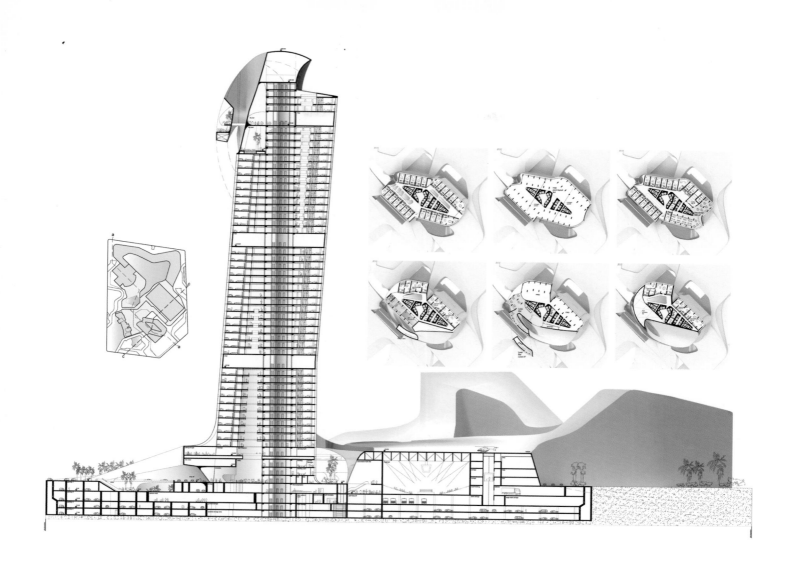

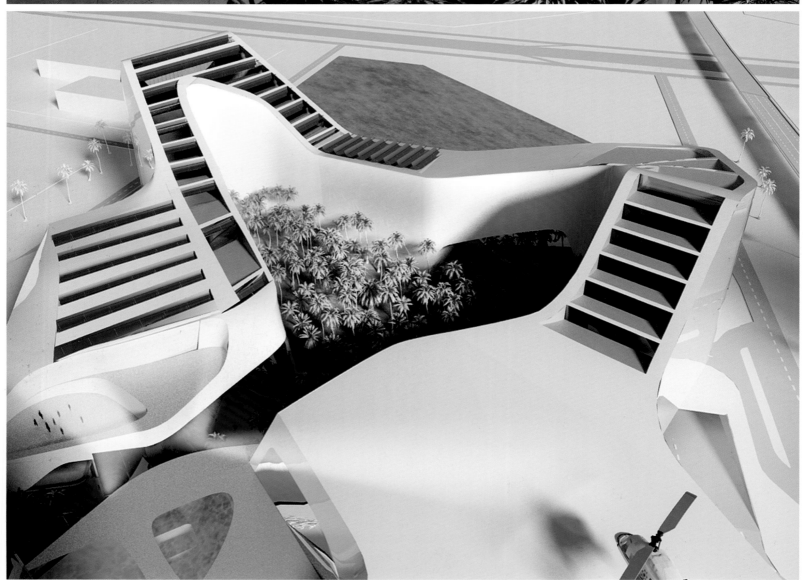

武汉航运中心大厦

项目地点：武汉市

设计单位：中信建筑设计研究总院有限公司

用地面积：25 203 m²

武汉航运中心大厦位于武汉最繁华的江汉路核心商圈，地上总建筑面积约230 000 m²，塔楼高度330 m。

大厦设计立足于城市环境的总体规划，突出长江航运的地域文化，组合人性化的功能模块。建筑造型生动和谐，层次丰富；表皮在夕阳与江水的相互辉映下，极尽柔美；顶部处理体现出"天河"神韵；底部设置的水景景观，浪漫亲和。

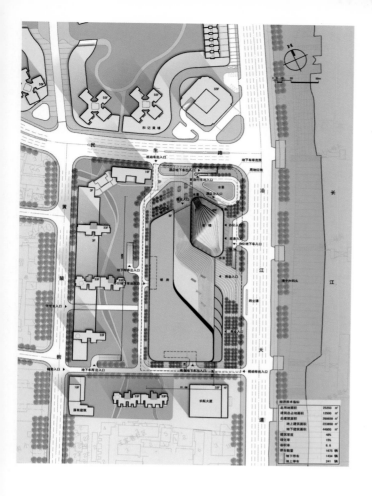

总用地面积	25203m²	
建筑总占地面积	12500m³	
总建筑面积	268650m²	
其中	地上建筑面积	223850m²
	会所	2000m²
	酒店	43150m²
	办公	128400m²
	行政办公	10800m²
	商业	44400m²
	其他	5900m²
	地下建筑面积	44800m²
建筑密度	48%	
绿化率	15%	
容积率	8.8	
停车数量	1675	
	地上停车	241
	地下停车	1434

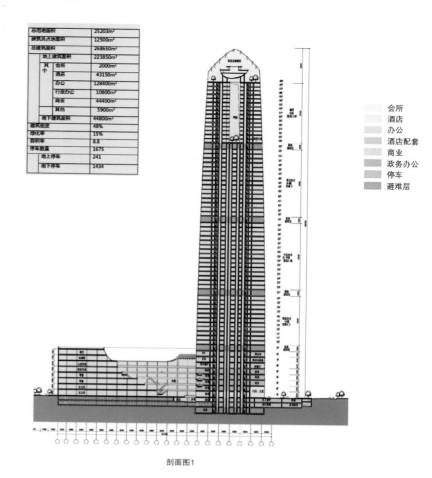

剖面图1

会所
酒店
办公
酒店配套
商业
政务办公
停车
避难层

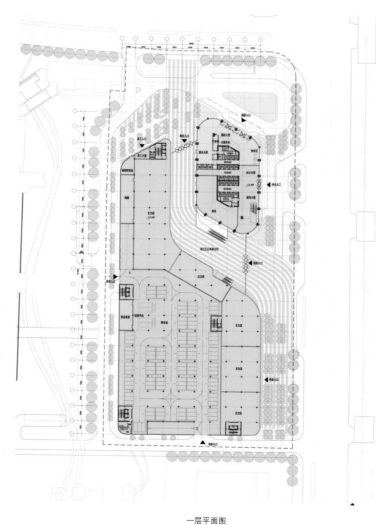

一层平面图

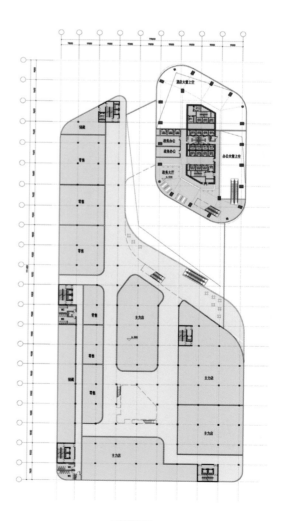

二层平面图

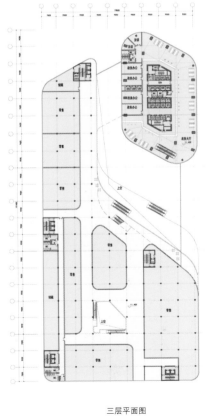

三层平面图

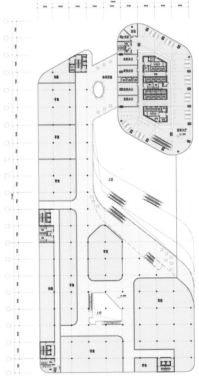

四层平面图

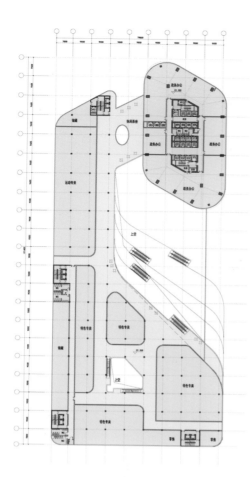

五层平面图

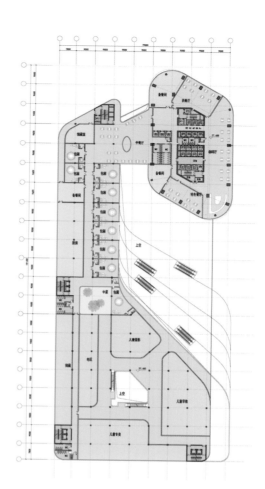

六层平面图

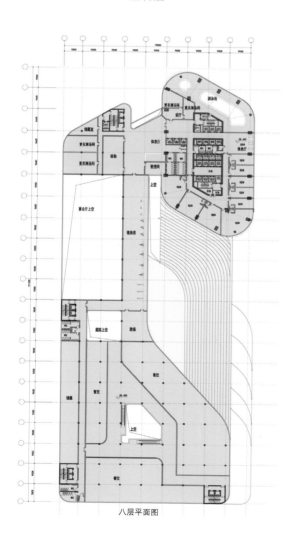

八层平面图

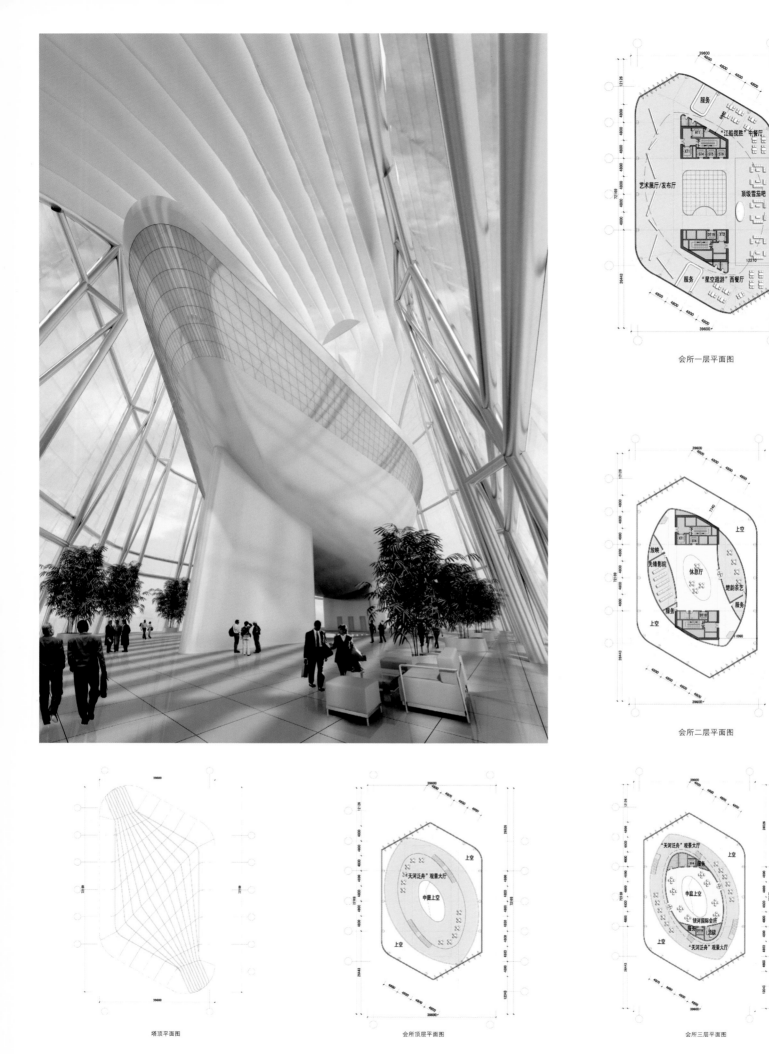

会所一层平面图

会所二层平面图

塔顶平面图

会所顶层平面图

会所三层平面图

海上汇商业广场

项目地点：南昌市
设计单位：日兴设计·上海兴田建筑工程设计事务所
建筑面积：62 150 m²
设计时间：2011年
建成时间：2014年

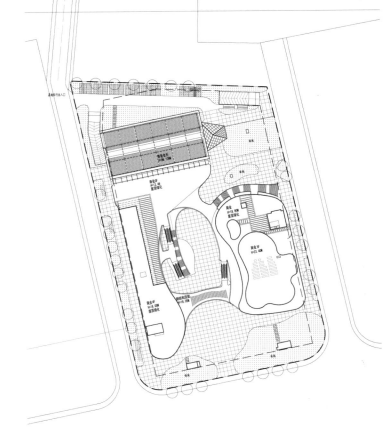

　　"两仪生四象，四象生八卦。"海上汇商业广场试图以一种特殊的建筑语汇来解读传统哲学理念。

　　一个完整的形体，由尺度人性化、充满动感的商业内街分成三大组团。组团内的形体相互嵌合，浑为一体。组团之间通过商业街天桥等相互连接，简约的形体用丰富的建筑表面肌理营造，使建筑富有生命力。临城市道路的建筑立面整体感强，临商业步行内街的建筑立面丰富细腻，形成多样的建筑表情，为城市空间增添了无尽的想象空间。

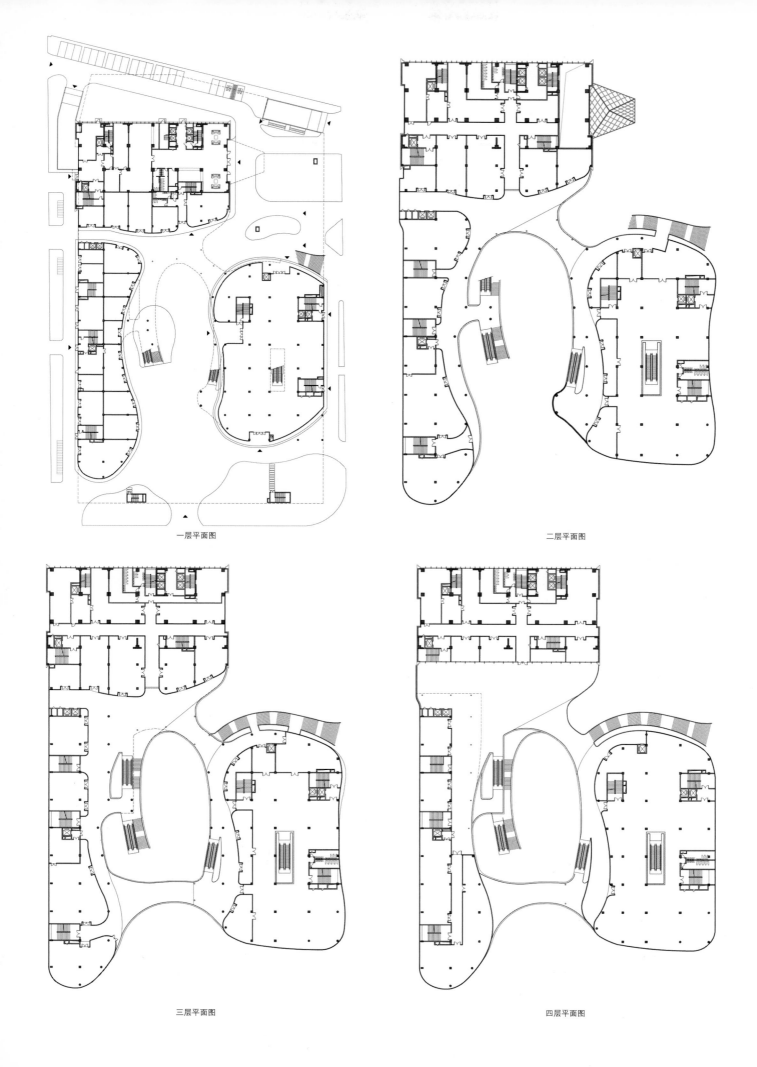

一层平面图

二层平面图

三层平面图

四层平面图

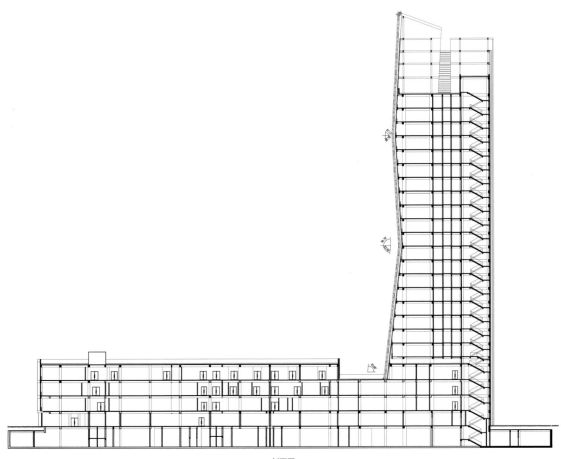

剖面图

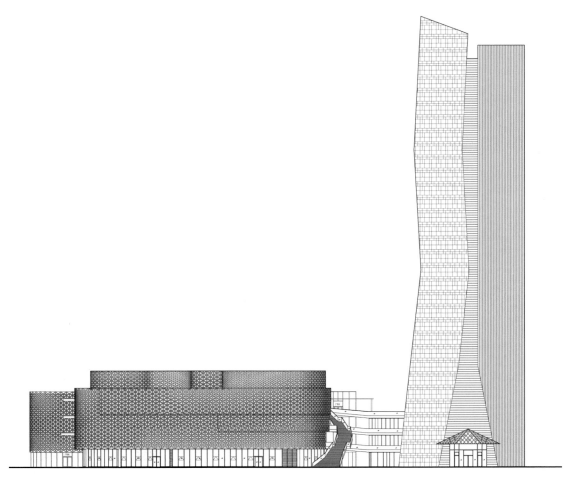

东立面图

江城锦绣城市综合体

项目地点：福州市
设计单位：日兴设计·上海兴田建筑工程设计事务所
建筑面积：105 000 m²
设计时间：2010年
建成时间：2014年

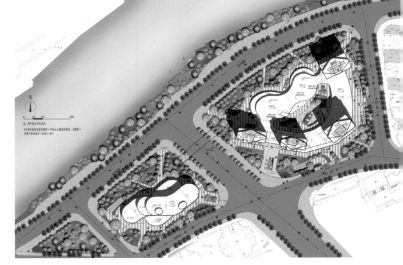

　　建筑与山水的呼应关系，通过高层不同的折面错动和商业裙房的曲线处理，达到与闽江的空间上的交流。建筑从东至西逐渐退台，以表达对孕育着福州近代文明的烟台山的尊重和谦让。

　　考虑到沿闽江的城市空间视线通透，四座塔楼形成沿闽江的U字形围合，商业的布局也形成了城市公共开放空间。四座塔楼建筑层高不同，为了达到立面统一的效果，并给人以建筑挺拔的感觉，采用竖线条，既弱化了建筑之间的差异，又加强了建筑的挺拔感，并在顶部做了退台处理，结合泛光设计，营造出丰富多彩的建筑形象。沿江布置了两个椭圆建筑，打破了城市压抑的界面，形成了沿江活泼动感的元素，有利于塑造沿江的城市景观。商业建筑因为特定的商业形态，被分割为几个体块，使其尺度更人性化。设计既要使各个体块具有差异从而有一定的可识别性，又要在整体的商业氛围上实现统一。

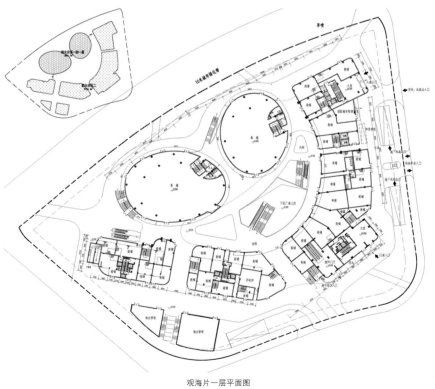

观海片一层平面图

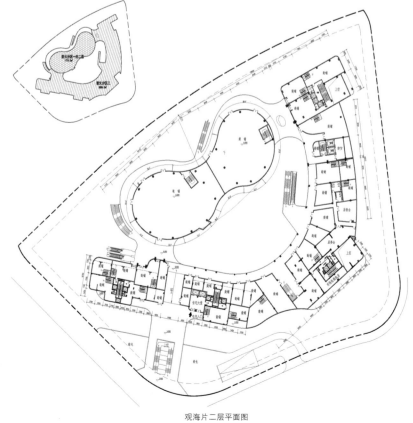

观海片二层平面图

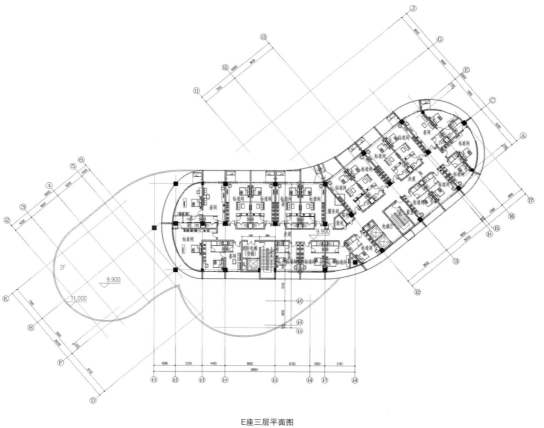

E座三层平面图

整体剖面图

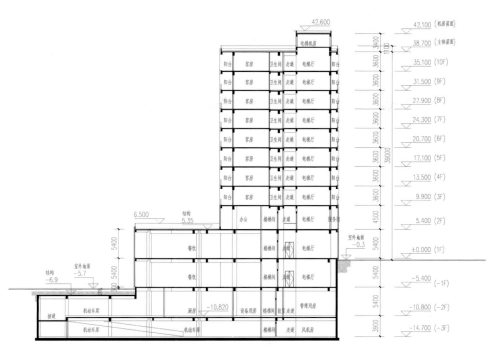

E座1—1剖面图

沿江立面图

上海中信泰富朱家角商业会所

项目地点：上海市
设计单位：日兴设计·上海兴田建筑工程设计事务所
建筑面积：105 000 ㎡
设计时间：2012年

　　该项目地处上海传统古镇朱家角区域内，三面临大淀湖，拥有难以复制的自然景观资源，既是朱家角老城与新城的过渡，也是整个朱家角区域的核心地带。

　　江南园林所拥有的艺术及历史文化价值是任何建筑形式都不能替代的，而作为朱家角中心区域的项目，将成为新老文化相容过渡的载体，所以如何将江南园林传统空间意境用当代手法演绎便成为该项目设计的立意之本。

　　在东方文化孕育下的华夏民族逐渐形成了内敛谦逊的性格，它渗透于人们生活的各个方面。在建筑的布局方式上，通过私密的内庭院到半开放的入户庭院再到开放的园林庭院等多个层次的递进，形成了"一院、一园、一涟漪"的空间序列，是传统精神的当代演绎。

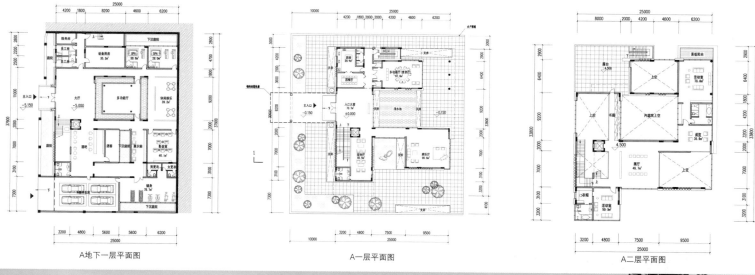

A地下一层平面图　　　　　　　　　　　　　A一层平面图　　　　　　　　　　　　　A二层平面图

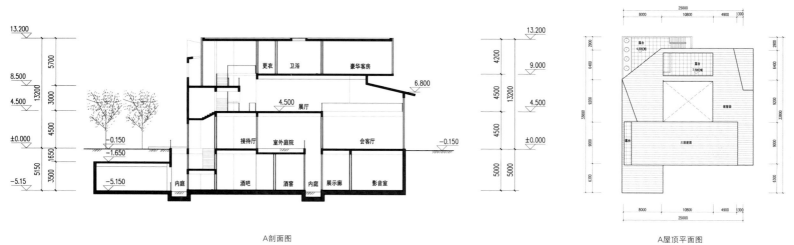

13.200			13.200

更衣　卫浴　豪华客房

6.800

4.500　展厅

接待厅　室外庭院　会客厅

−0.150

酒吧　酒窖　内庭　展示廊　影音室

内庭

−5.150

A剖面图

A屋顶平面图

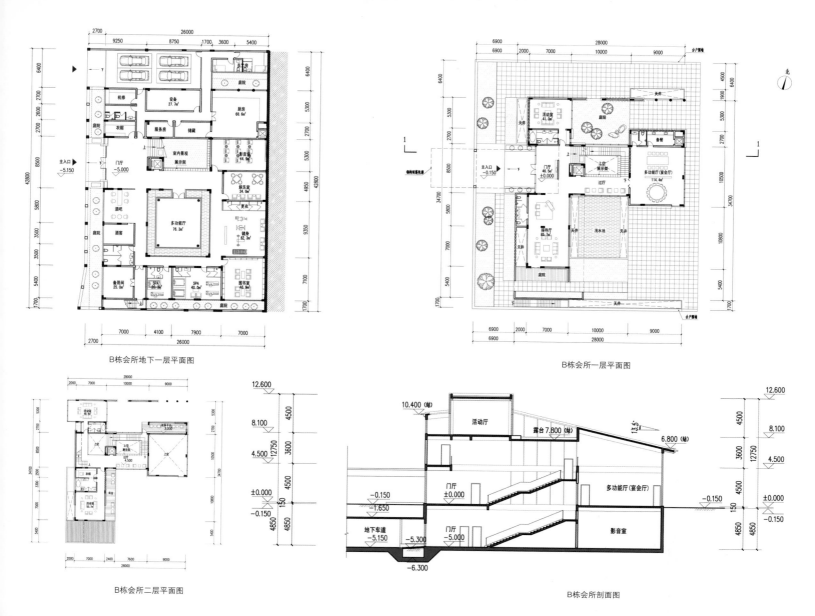

B栋会所地下一层平面图

B栋会所一层平面图

B栋会所二层平面图

B栋会所剖面图

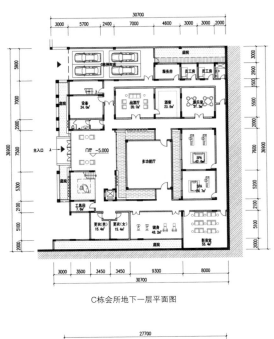

C栋会所地下一层平面图

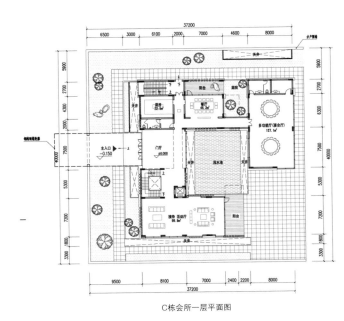

C栋会所一层平面图

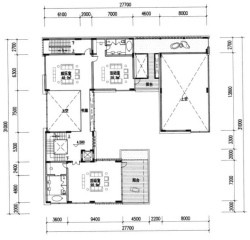

C栋会所二层平面图

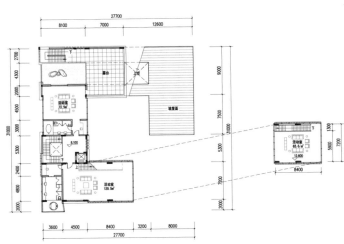

C栋会所三层平面图

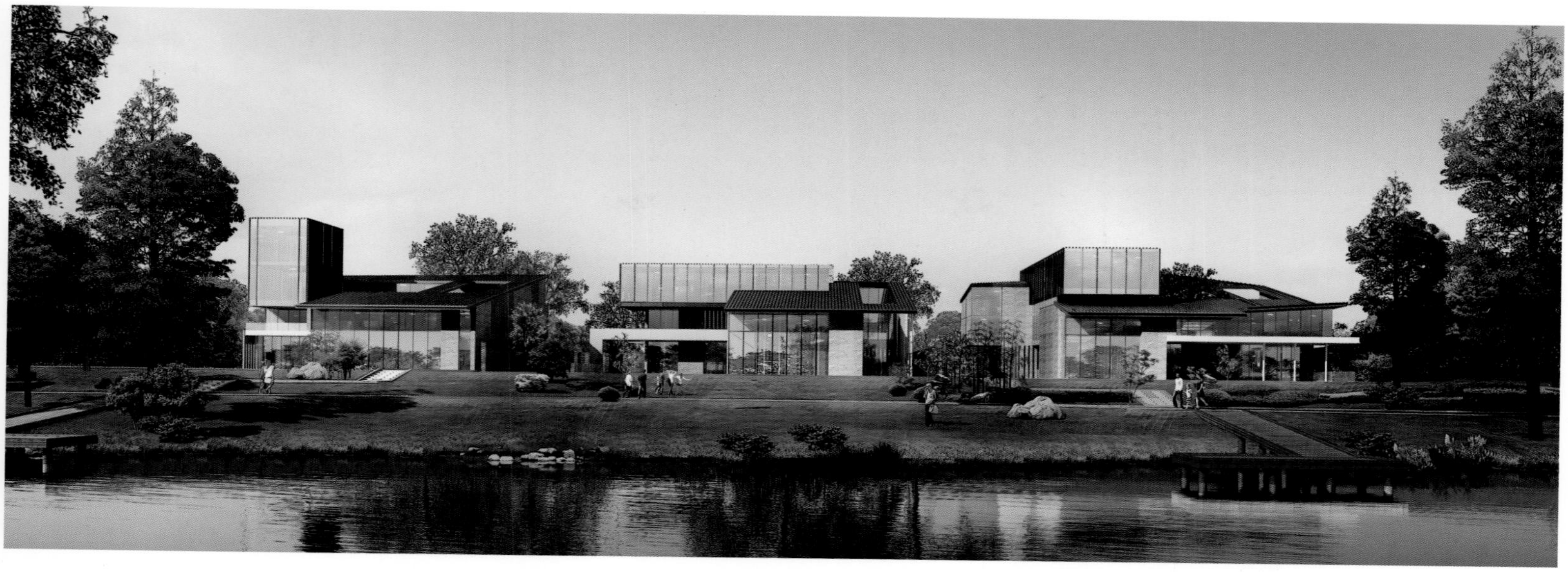

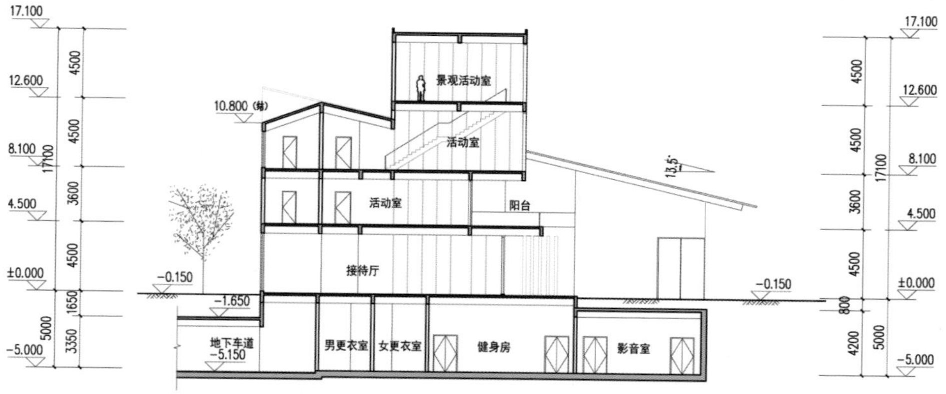
17.100
12.600
8.100
4.500
±0.000
-5.000
4500
4500
3600
4500
1650
3350
5000
17100
景观活动室
活动室
活动室
阳台
接待厅
-0.150
-1.650
地下车道
-5.150
男更衣室
女更衣室
健身房
影音室
-0.150
800
4200

C剖面图

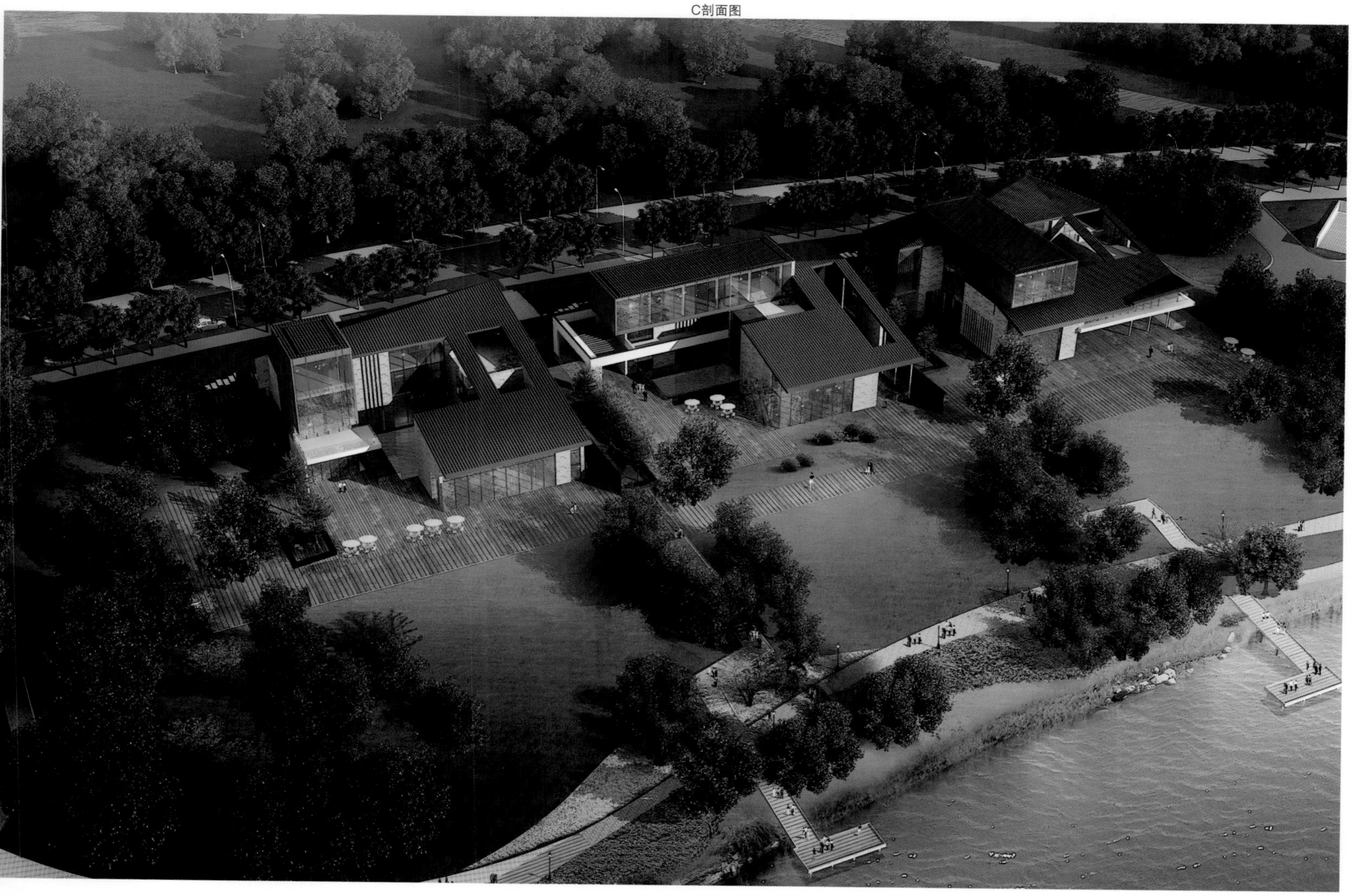

宁波文化广场

项目地点：宁波市
业　　主：宁波文化广场投资发展有限公司
设计单位：上海秉仁建筑师事务所
合作设计：宁波市城建设计研究院
用地面积：158 275 m²
建筑面积：320 815 m²
建筑密度：33.70 %
容 积 率：1.28
绿 化 率：21.8 %

文化广场的规划思路从海港文化的精髓出发，以回应宁波的历史文化及传统为契机，试图创造一个现代的文化主题港湾，激励文化产业，促进科技教育，振兴商业发展，带动东部新城总体文化及经济的繁荣。

本方案分为四个区块。

东南区块（I标段）：文化沙龙由沿河的高层高级文化会所和艺术沙龙构成。

西南区块（II标段）：海港城由一系列2~6层的通用建筑组成，沿街的三个主要建筑由西向东分别是儿童娱乐中心、群众文娱艺术馆及时尚健身馆。配合这三个主题建筑，在北面设计了一系列有趣的小型服务建筑。

西北区块（III标段）：该区域主要由海港文化体验中心，儿童滨水娱乐场所以及以科技展示空间、科技体验空间、会议交流空间为主的科技馆、球幕科技影视空间、科技展销空间等组成。

东北区块（IV标段）：包括1个1 500座的多功能剧场，7个80~200座规模不等的电影放映厅，配套设置的艺术排练区、艺术研究和交流中心、制作中心等和相关商业配套设施。

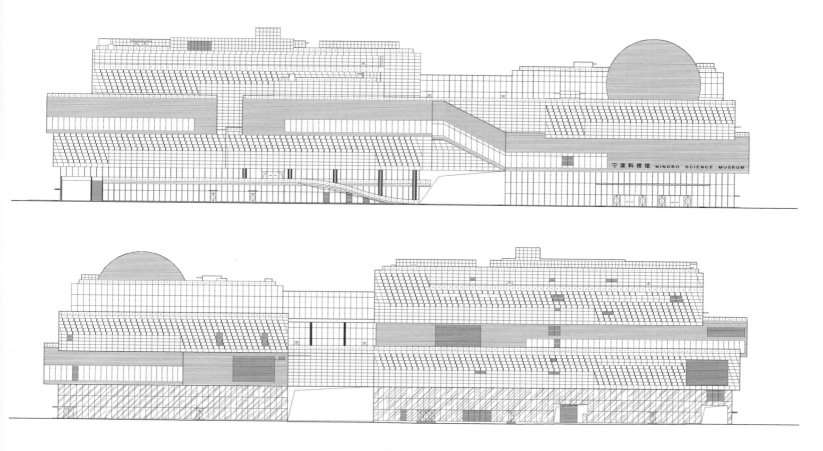

科技馆立面图

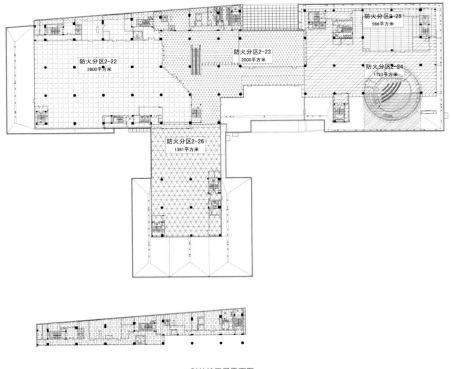

科技馆五层平面图

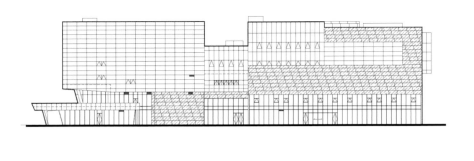

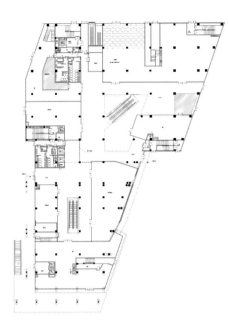

影城一层平面图

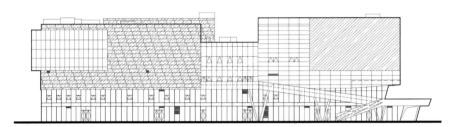

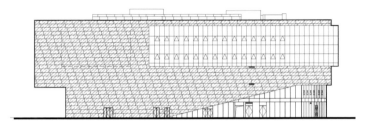

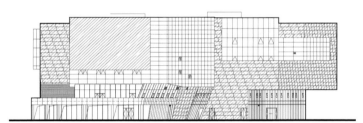

影城立面图

影城二层平面图

145

营口城市综合体

项目地点：营口市
设计单位：深圳市大唐世纪建筑设计事务所
总建筑面积：682 221 m²
容 积 率：3.84
绿 化 率：34%

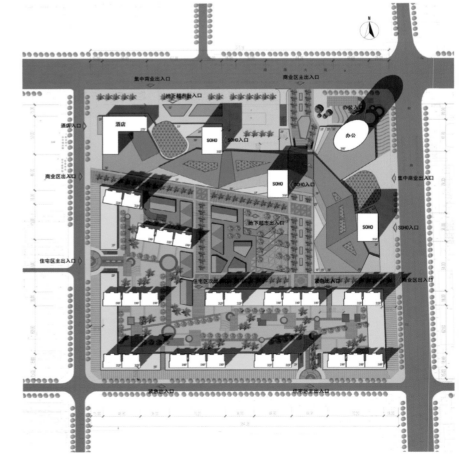

辽宁省营口市位于辽东半岛西北部，大辽河入海口左岸，北望沈阳（166 km），南接大连（204 km），西临渤海。营口市属暖温带半湿润气候区，四季分明，气候适宜，全年稳定超过10℃天数达160~180天。营口市历史悠久，旅游资源丰富。

本项目位于营口市的文化、行政、商业中心的黄金地段，规划用地面积 130 631 m²。该项目体现营口的城市特色与文脉，将建设成为集商业、酒店、办公、居住于一体的城市综合体。

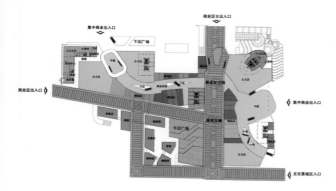

商业一层平面图

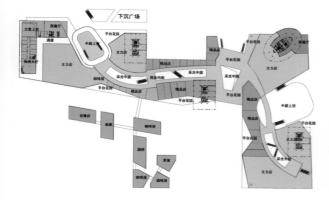

商业二层平面图

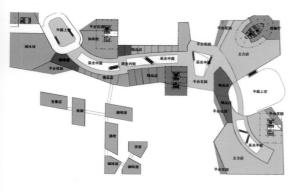

商业三层平面图

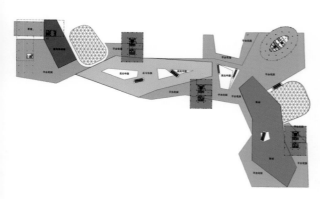

商业四层平面图

东立面图

南立面图

西立面图

北立面图

福州恒力·海西广场

项目地点：福州市
设计单位：深圳市水木清建筑设计事务所
建筑面积：203 000 m²
用地面积：16 700 m²
容 积 率：9.6
绿 化 率：25%

　　作为福州地标式建筑，设计采用张扬的建筑手法，构筑出现代的形体语言。旋转的外形是对场地退线和建筑功能要求的反应，而设计观念来源于福州当地的气候、场所以及希望创造一个与众不同的内部和外部空间。由于规划层面上所退得的用地范围较小，缺乏城市性质的广场用地，故此处设计时，将裙房设计成多空间变化的个性体，以建筑灰空间形式贡献出城市广场，形成多元化，变化丰富的城市空间。

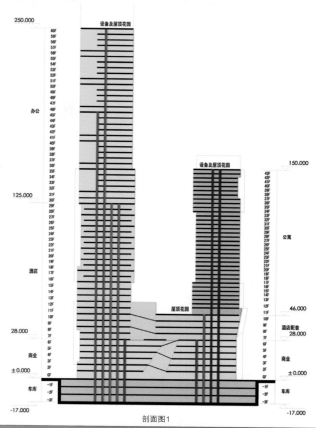

剖面图1

呈辉滨海酒文化产业园

项目地点：天津市
业　　主：呈辉集团
设计单位：苏州合众建筑设计有限公司
用地面积：49 893.1 ㎡
建筑面积：122 515.1 ㎡

呈辉滨海酒文化产业园位于海洋高新区内，用地北侧为庐山道（快速路），南侧为京津塘高速公路，西侧为津秦高铁，东侧为海缘西路（城市支路），东北方向紧靠金海湖。云山道、海德路（城市主干道）贯穿规划用地。

项目旨在打造酒产品滨海商贸中心及酒企营销新窗口，是一条集设计、研发、培训、品鉴、商贸于一体的主题性商业街区。本项目以酒为文化主线，分为九个地块，七个功能区，分别为：休闲水岸、酒类商贸园、商务会展区、版权经济区、产业孵化基地、企业总部基地和居住配套区。建成后的呈辉滨海酒文化产业园将作为全国最大的酒类集散地，立足海洋高新区，辐射全滨海新区、天津市乃至整个环渤海经济圈，形成天津时尚生活新地标。

现方案一期开发的E地块已完成设计阶段工作，作为酒文化产业园的启动区，项目力求以新颖的建筑形象和丰富的内部空间打造高品质的综合商业体。总体平面布局以人流路线划分为不同区域，每个区域的建筑都结合景观营造尺度宜人、氛围各异的广场空间，提供丰富的购物休闲感受。沿云山道面向金海湖的商业综合楼整体建筑造型简洁明快，黑色玻璃幕墙饰以红白两色水平金属线条，时尚而富有动感。西端的展示厅以醒目的形象打造地块标志，夜间，内部绛红色盘旋层叠的平台在灯光映射下透过玻璃体，如同醉人的葡萄美酒流淌在晶莹剔透的夜光杯里。

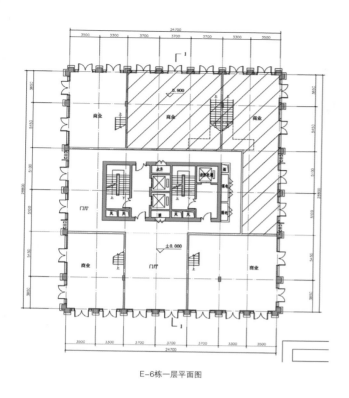

E-6栋一层平面图

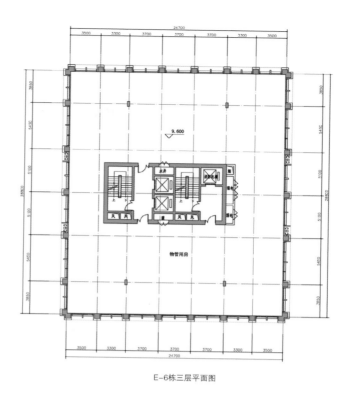

E-6栋三层平面图

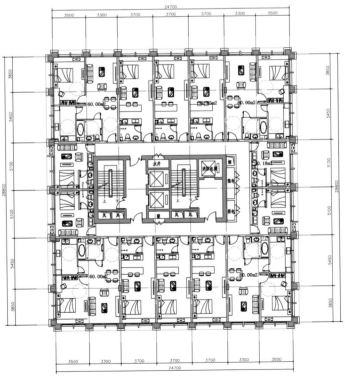

E-6栋四、五层平面图

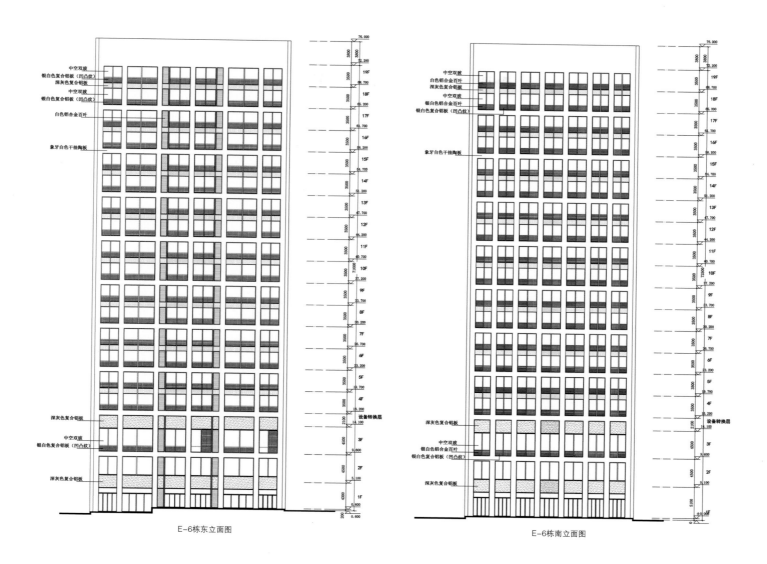

中空双玻
银白色复合铝板（凹凸纹）
深灰色复合铝板
中空双玻
银白色复合铝板（凹凸纹）

白色铝合金百叶

象牙白色干挂陶板

深灰色复合铝板
中空双玻
银白色复合铝板（凹凸纹）

深灰色复合铝板

E-6栋东立面图

中空双玻
白色铝合金百叶
深灰色复合铝板
中空双玻
银白色铝合金百叶
银白色复合铝板（凹凸纹）

象牙白色干挂陶板

深灰色复合铝板
中空双玻
银白色铝合金百叶
银白色复合铝板（凹凸纹）

深灰色复合铝板

E-6栋南立面图

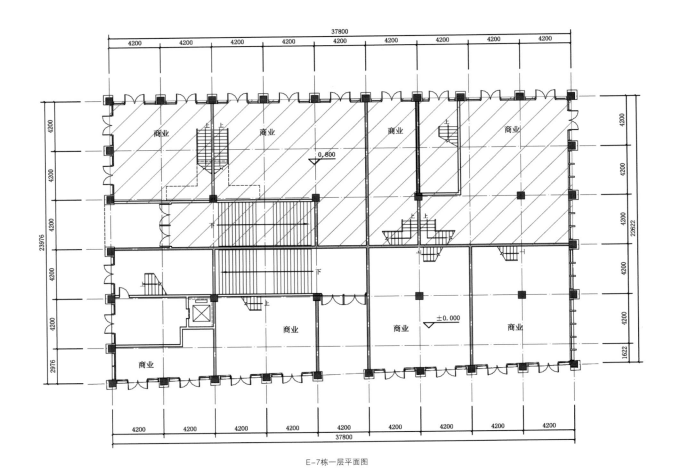

E-7栋一层平面图

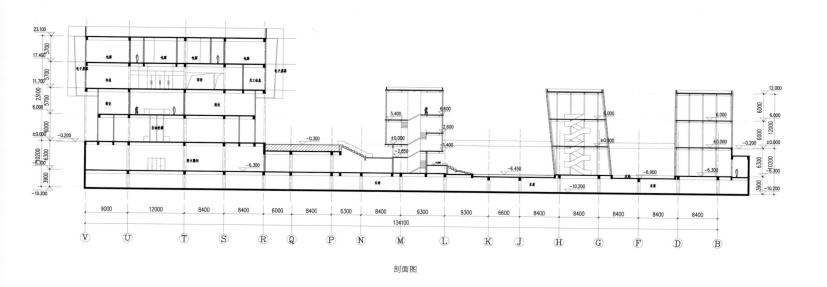

剖面图

E-7栋立面图

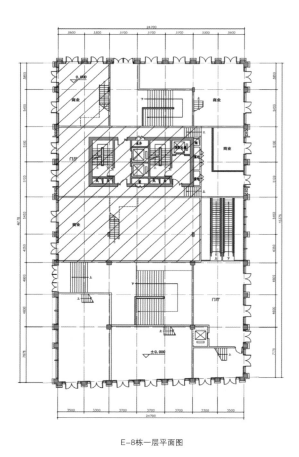

E-8栋一层平面图

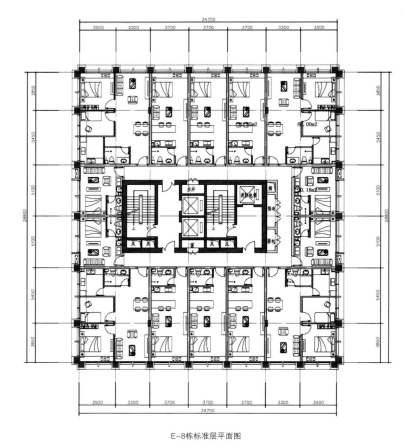

E-8栋标准层平面图

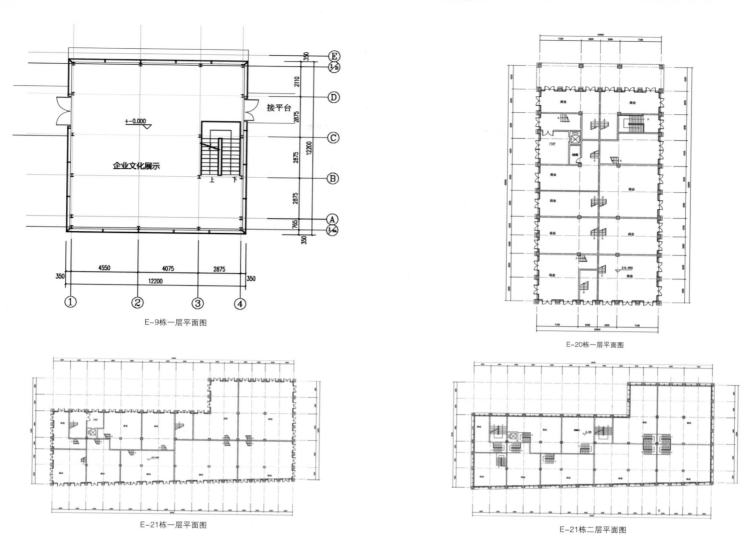

E-9栋一层平面图

E-20栋一层平面图

E-21栋一层平面图

E-21栋二层平面图

企业文化展示

±0.000

接平台

159

中国工艺文化城

项目地点：苏州市
业　　主：呈辉工艺文化城（中国）有限公司
设计单位：苏州合众建筑设计有限公司
用地面积：99 813.93 ㎡
建筑面积：103 985.56 ㎡

中国工艺文化城位于苏州市吴中区，项目整合工艺文化全产业链，辅以大规模、高起点的目标进行规划设计。

旨在将中国工艺文化城打造成国家"十二五"规划中十大文化创意产业精品工程之一，项目围绕4个概念进行规划：将现代创意理念与传统技艺相结合，建设全国最大的工艺文化创意研发孵化地；将现代科技手段与传统市场相结合，建设全国最大的工艺文化集散地；结合现代市场综合经营手段，建设工艺文化产业发展平台；结合工艺美术行业特点，建设全国最大的 国际艺术村。业主希望通过中国工艺文化城的建设，满足行业发展的需要，同时推动地方经济、文化创意产业经济和地域经济共同发展。

项目一期示范区，建筑面积约为320 000 ㎡，现已建成。在2012年苏州市政府工作报告中该项目被列为重点文化创意发展项目，这也是政府工作报告中唯一提及的地产项目。

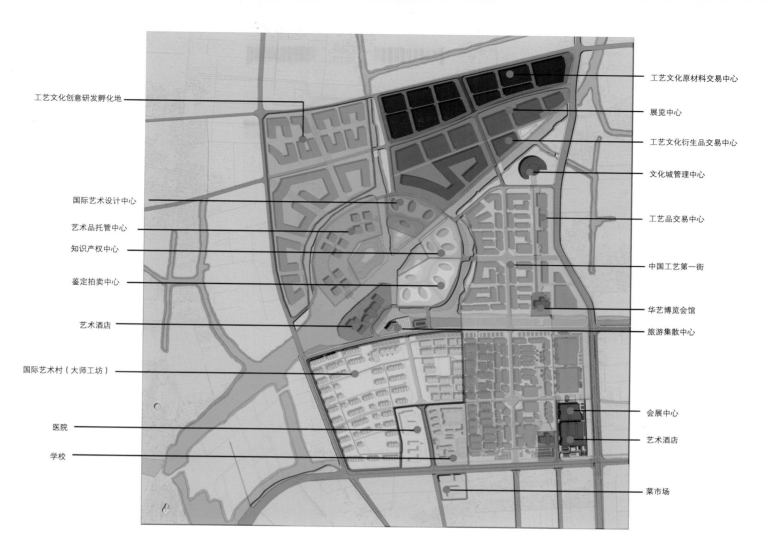

工艺文化创意研发孵化地

国际艺术设计中心

艺术品托管中心

知识产权中心

鉴定拍卖中心

艺术酒店

国际艺术村（大师工坊）

医院

学校

工艺文化原材料交易中心

展览中心

工艺文化衍生品交易中心

文化城管理中心

工艺品交易中心

中国工艺第一街

华艺博览会馆

旅游集散中心

会展中心

艺术酒店

菜市场

161

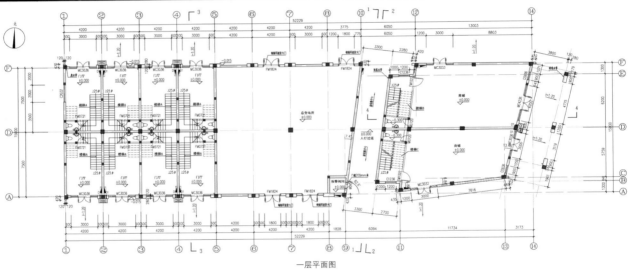

一层平面图

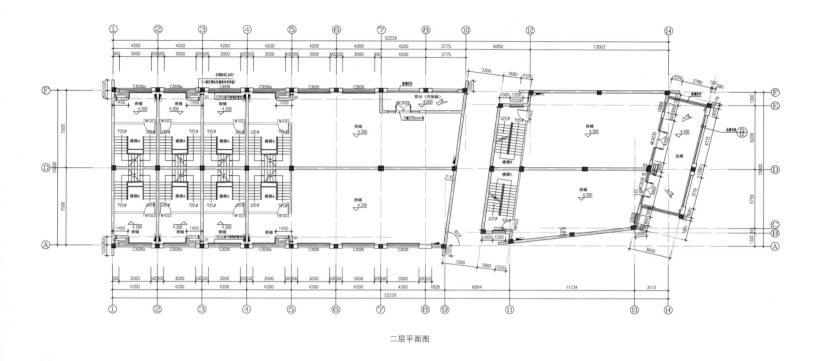

二层平面图

马场道

项目地点：天津市
设计单位：HPA海波建筑设计事务所
用地面积：11 719 m²
建筑密度：70%
容 积 率：18.4
绿 化 率：12%

马场道项目建设基地位于天津市规划中的 CBD 区域内，分为 A 地块和 B 地块。其中 A 地块东临南昌路，南至合肥道，西接九江路，北临其他项目用地；B 地块东邻九江路，南至合肥道，西接马场道，北邻ICTC 写字楼，其中 A 地块工程总建筑面积为 254 980 m²，地上建筑面积 215 700 m²，地下建筑面积 39 280 m²；B 地块工程总建筑面积为 9 800 m²，地上建筑面积为 6 350 m²，地下建筑面积为 3 450 m²。

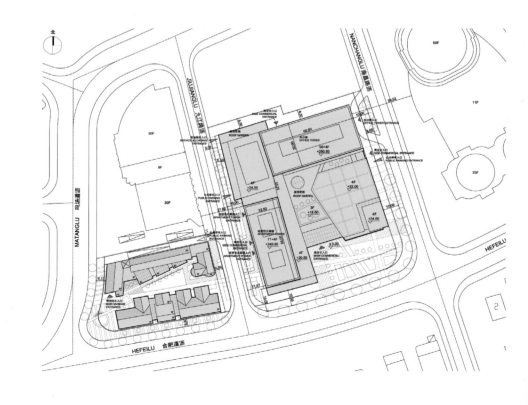

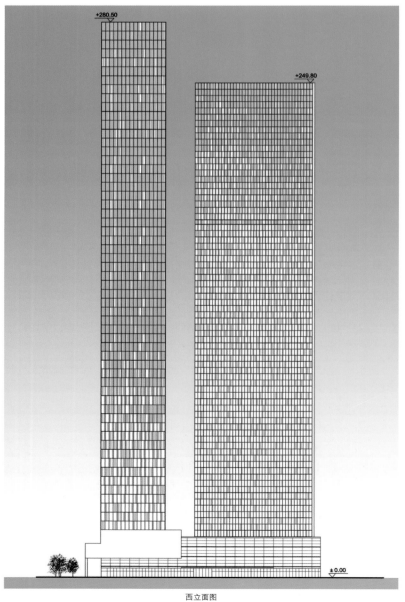

西立面图

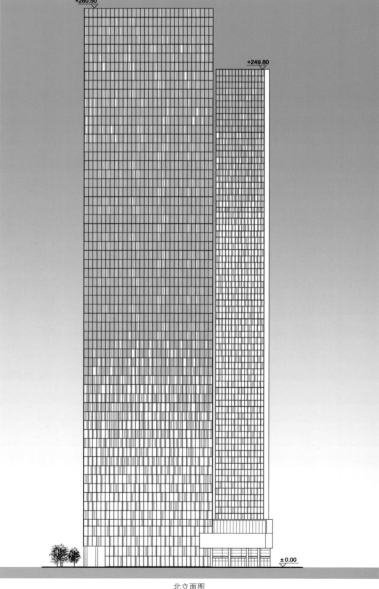

北立面图

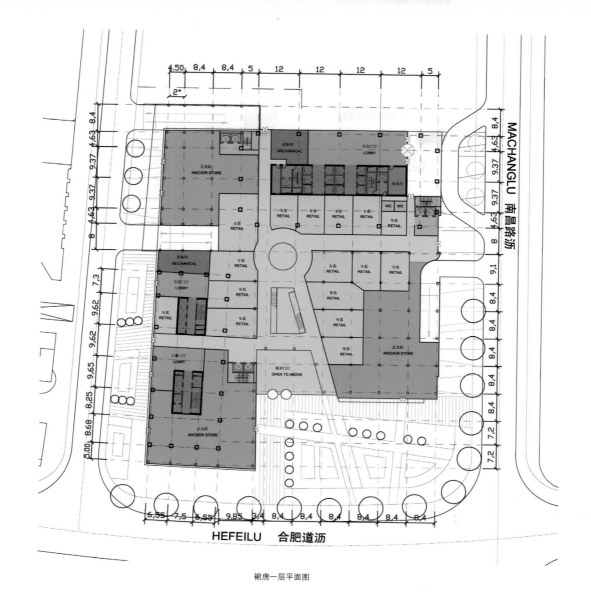

裙房一层平面图

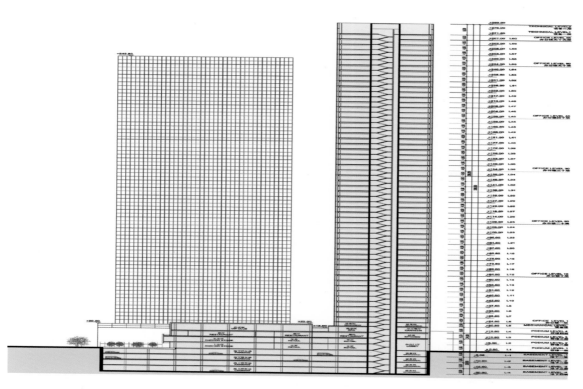

剖面图2

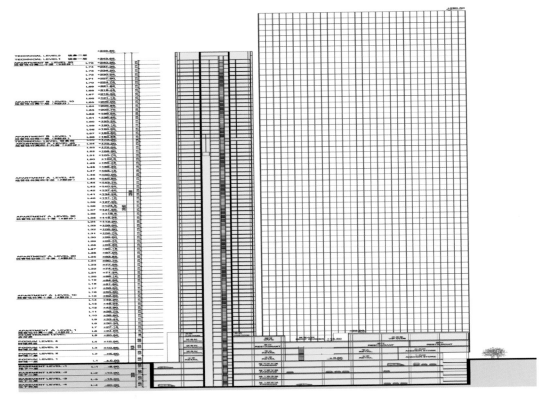

剖面图1

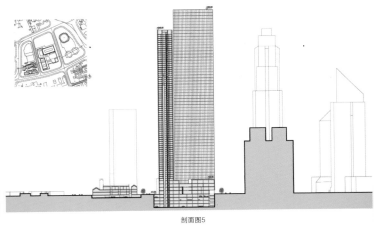

剖面图5

170

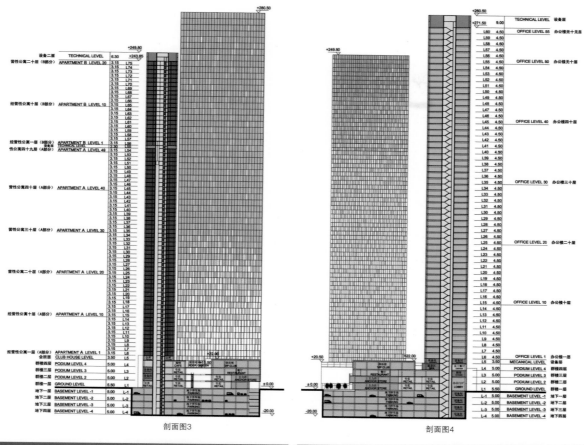

剖面图3　　　　剖面图4

大连金州绿地中心

项目地点：大连市

设计单位：加拿大TOPWAY建筑设计机构

A区

用地面积：18 944 m²

建筑面积：220 250 m²

商业面积：51 000 m²

B区

用地面积：6 486 m²

建筑面积：46 900 m²

商业面积：10 000 m²

绿化率：10%

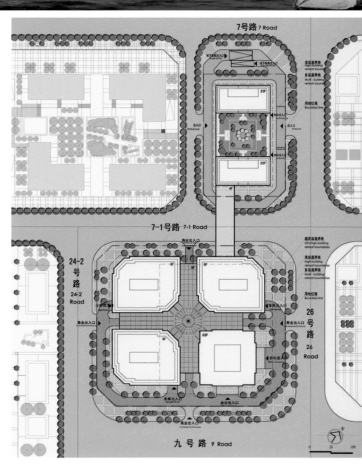

　　大连金州绿地中心位于大连小窑湾国际商务区核心区域的中心主轴线绿带东侧，基地四周均有城市道路环绕，快轨9号线和3号线在此交会，基地交通便利，用地条件优越。

　　大连金州绿地中心由南北两地块组成，其中南地块建有一栋300 m的超高层办公楼和三栋八层的商业楼，北地块建有两栋100 m的高层，南北地块由连廊在底部连接，形成综合体。

　　项目总体创意汲取大连门户的历史文化及滨海之文脉精华，以世界级滨海金融中心为主题，该项目将成为融商贸金融、商业服务、行政办公、生产服务、文化娱乐、科技会展、体育休闲、生态宜居等为一体的特色CBD之核，打造开放的街区，多彩的立体城市空间，塑造经典的建筑形象——一体的海边之塔。

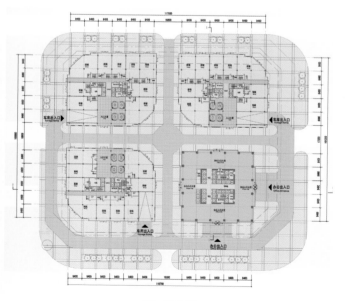

A区一层平面图

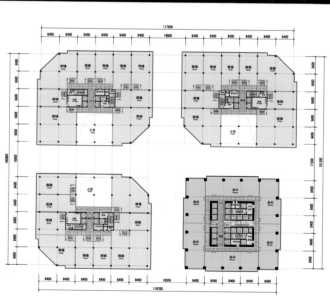

A区二层平面图

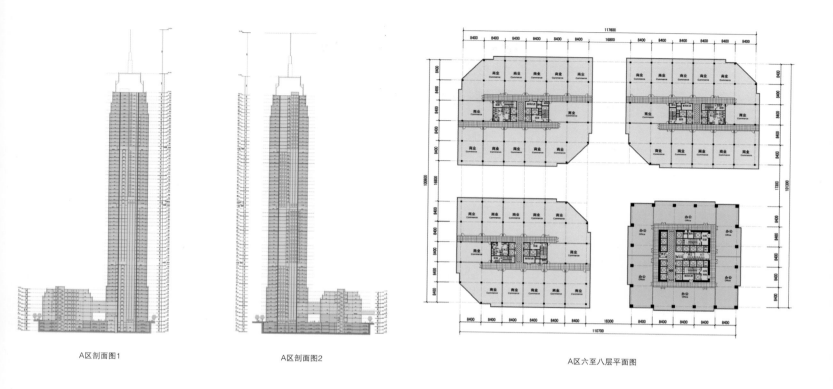

A区剖面图1   A区剖面图2   A区六至八层平面图

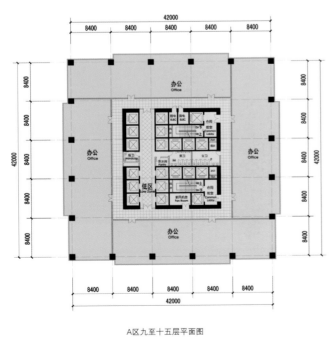

A区九至十五层平面图

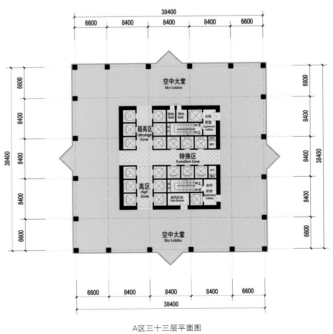

A区三十三层平面图

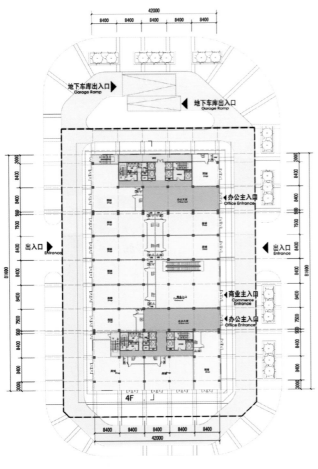

B区一层平面图

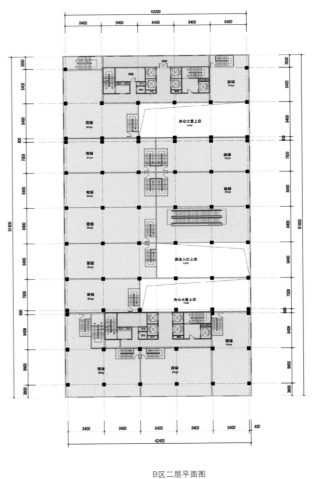

B区二层平面图

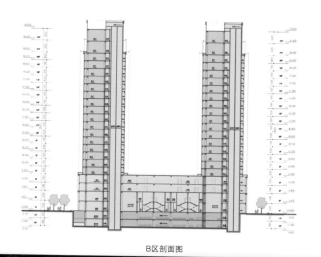

B区剖面图

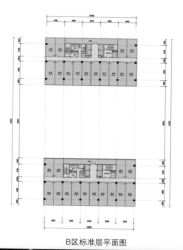

B区标准层平面图

绿地大同S3号地块

项目地点：大同市

设计单位：中联筑境建筑设计有限公司
（原中联程泰宁建筑设计研究院）

设计人员：薄宏涛　吴志全　于　晨　朱凯　蒋　珂
樊文婷　李　婧　李相鹏　李倩　刘晶晶

用地面积：101 400 ㎡

建筑面积：526 570.9 ㎡

地上建筑面积：318 784.9 ㎡

地下建筑面积：207 786 ㎡

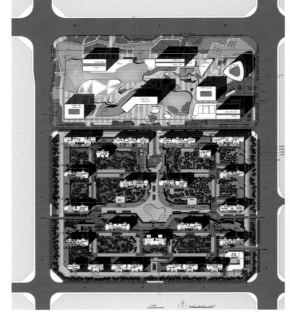

　　本次规划地段位于大同市中心区东南部，基地位于南环路以南，永和路以东，文兴路以西。规划总用地面积约10.14 hm²，其中可建设用地面积约7.86 hm²。地块内地势起伏不大，区内最高海拔1 040 m，最低海拔1 035 m，总体地形趋势北高南低。区位条件较好，与老城区毗邻，距中心城区约4.1 km，交通便利。地块西侧为御河生态景观带，地块具有得天独厚的优势。随着御东新区的打造，该地段的区位条件进一步提升。本次规划立足城市形象的塑造，力求打造出大同市城市商业综合体的标杆。

　　S3号地块项目为商业综合体，将办公、居住、酒店、旅游、餐饮、会议、文化、休闲娱乐、交通绿化等城市生活空间的三项以上进行组合，并在各部分间建立一种相互依存、相互助益的能动关系，由此形成一个多功能、高效率的城市空间区域。这是一个互为价值链的高度集约的街区建筑群体，代表了一种"资源共生、聚合增值"的空间模式。设计师用"城市绿谷"、"城市商渚"的理念传承过去与未来，把此理念充分利用到项目地块的设计中。

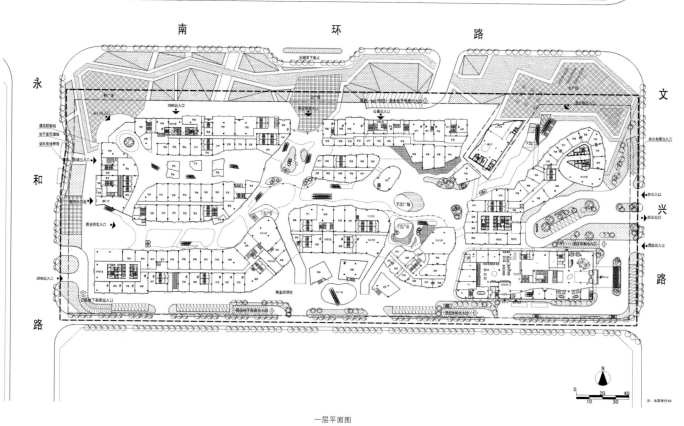

一层平面图

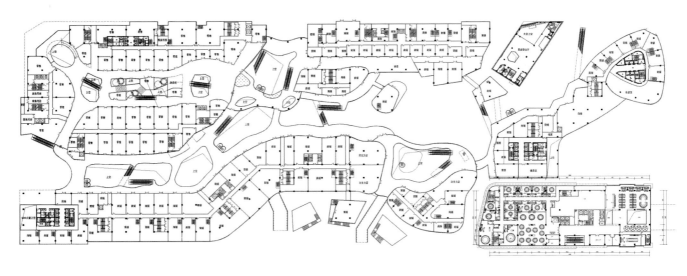

二层平面图

三层平面图

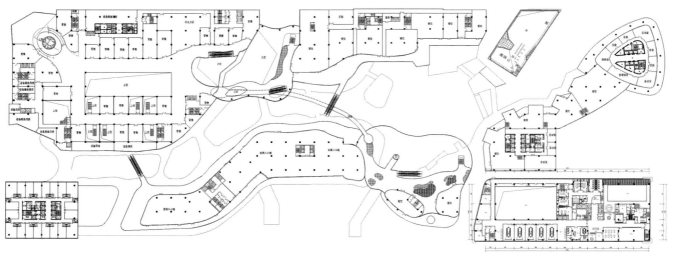

四层平面图

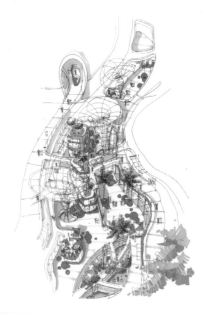

绿地标准层平面图1

绿地标准层平面图2

绿地标准层平面图3

绿地标准层平面图4

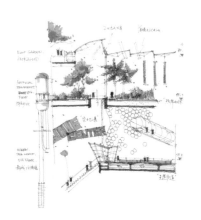

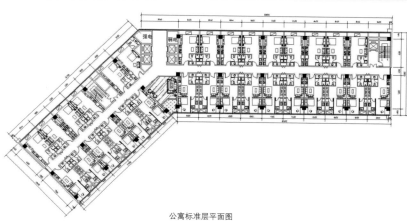

公寓标准层平面图

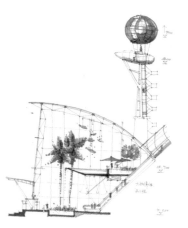

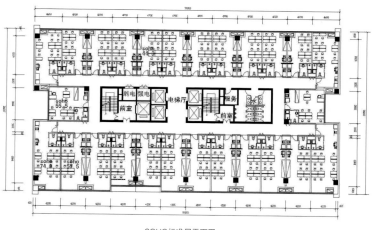

SOHO标准层平面图

马鞍山金色新天地

项目地点：马鞍山市

设计单位：中联筑境建筑设计有限公司

（原中联程泰宁建筑设计研究院）

设计人员：薄宏涛　朱凯　潘徐　李靖　李甥

用地面积：34 070 m²

建筑面积：164 056 m²

建筑密度：44.9%

绿 化 率：30%

容 积 率：4.0

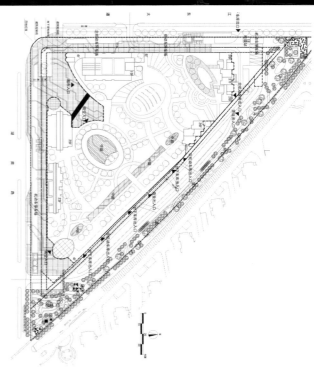

　　本项目位于江东大道和湖南路交叉口东北角，地块呈三角形状，紧临国际华城小区、雨山路建材市场，周边居住氛围浓厚。地块周边没有成熟的生活配套和商业配套，但是距离市区较近，可以便捷享受市区配套资源。

　　由于地块形状为三角形，西侧道路为下穿式道路，东北侧为马向铁路和国际华城小区，因此本设计不仅是基地内部设计，同时还要解决与基地周边道路、建筑之间的协调关系，特别是不能影响国际华城小区的日照。

　　总平面由商业裙房及5栋高层组成。商业裙房4层，高度低于24 m；上盖高层中，北侧设置2栋商务公寓，西侧沿江东大道设置1栋SOHO，南侧沿湖南路设置2栋SOHO，高度均低于100 m。

　　沿马向铁路一侧，由于日照影响，未设置高层。

　　建筑退界以规划条件为依据，西侧及南侧均退道路红线15 m，沿马向铁路一侧退马向铁路20 m；地下室建筑范围西侧与北侧退道路红线10 m，东侧退马向铁路20 m。

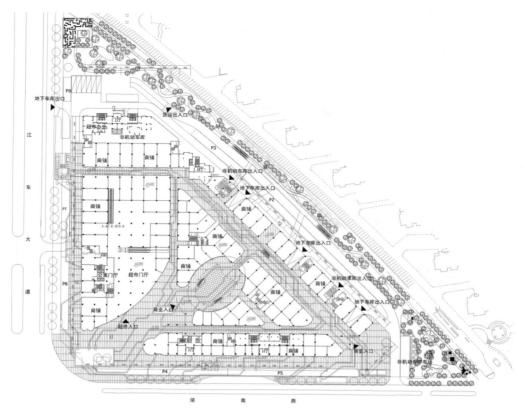

一层平面图

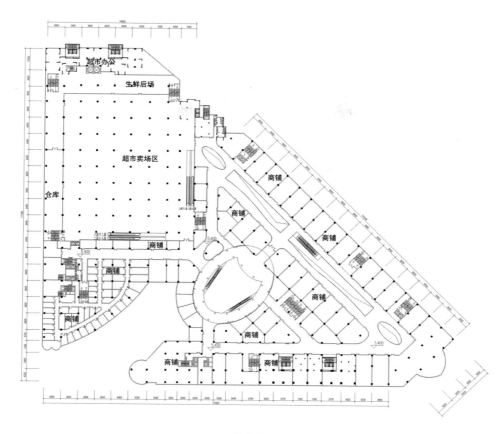

二层平面图

夹层平面图

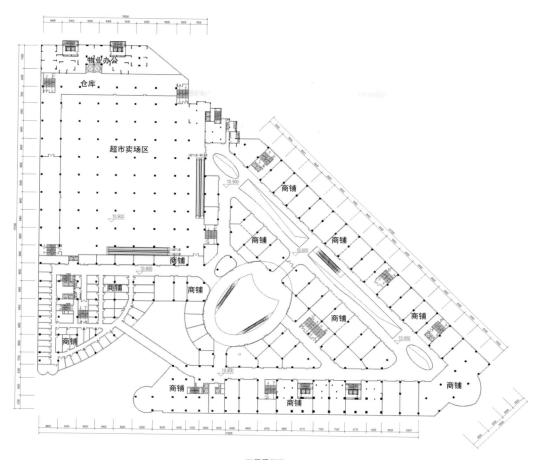

物业办公

仓库

超市卖场区

商铺

商铺

商铺

商铺

商铺

商铺

商铺

商铺

商铺

商铺

商铺

商铺

商铺

三层平面图

上海竹谷时尚文化广场

项目地点：上海市

设计单位：上海同为建筑设计有限公司

用地面积：60 200 m²

地上建筑面积：138 000 m²

地下建筑面积（包括人防）：52 000 m²

建筑密度：32%

容积率：2.3

绿化率：35%

　　基地位于上海市虹桥区，是台商、外资集中区域；邻近虹桥商务区、古北新区及虹桥机场，北面紧临延安西路，东靠规划合川路，西临程家桥路。上海竹谷时尚文化广场项目共由8栋建筑组成，其中A、B、C、D为高程45 m（航空控制线）以下的高层建筑，E、F、G、H为4~6层的多层建筑。

　　本项目规划时尽量利用现有资源，建筑沿街面全面展开，围绕"一心、两轴、三广场"的规划设计立意，4栋高层成"品"字形布置，坐镇四方，以中央广场为整个园区的视线焦点，以SOHO处入口广场以及办公楼处下沉式广场为引导，以自西向东贯穿基地的中心步行街为主要轴线，以外部合川路与北侧市政小路形成"L"形品牌展示步行带，转角处设计国际时尚发布中心作为整个时尚文化广场的焦点。步行街主入口与中心广场紧密联系，与品牌展示中心围合成一个有机整体，迎广场面的大LED屏幕直面广场，更是显得生机勃勃。将后勤及消防通道放后面，减少了对南侧居住园区——光大花园的影响。

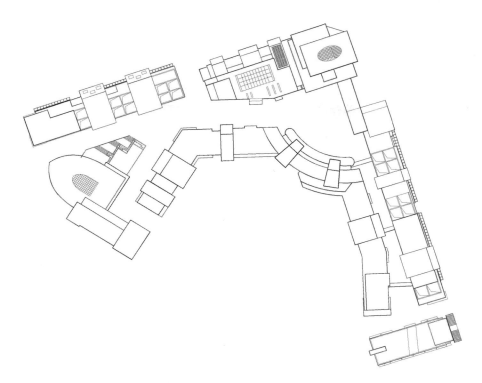

常州万博国际广场

项目地点：常州市
设计单位：上海新外建工程设计与顾问有限公司
用地面积：30 110 m²
建筑面积：300 000 m²

万博国际广场项目地处常州市商业核心区延陵路西段，亚细亚影城、江南商场、莱蒙都会等商业体环绕周边。南侧与蓖箕巷、文亨桥、京杭大运河等历史文化遗迹毗邻。项目位于常州市怀德北路东侧，延陵西路南侧，早科坊西侧，西瀛里北侧，西市河两岸，拟建设为集休闲、娱乐、购物、办公、居住等功能于一体的新一代城市综合体。

项目由一幢30层住宅楼、三幢35层住宅楼、一幢38层办公楼、6层裙楼和4层地下室组成。其中商业区位于地下一层到地上六层。

基地位于常州市商业核心区，地理位置优越，交通也十分便利。基地北侧的延陵路是城市主干路，本商业地块的主出入口即设于此处，所以基地延陵路立面是本商业的主要展示面，需着重处理以达到汇聚人气、吸引人流的目的。

商业立面上的处理带有现代体块穿插的感觉，局部运用体块的退让、虚实对比的设计手法，使商业的气氛更突出。为了满足新城万博特色的要求，立面石墙和玻璃的分隔遵循平面功能而定。在设计过程中，遵照新城万博所提供限额设计指标进行立面设计，满足成本控制的要求。在限额设计的同时也考虑了节能减排，满足节能环保的要求，平衡各幕墙材料的比例，尽量在造价与立面效果上取得双赢。商业购物中心内大部分为精品店，采取内部采光，为此外墙运用了大面积石材幕墙，使外立面实体面积更多。主入口处玻璃幕墙面进行统一的橱窗设计，对商品广告起到了更直接的宣传作用，同时烘托出商业氛围，体现商业亲和力。外立面实体墙面由石材幕墙组成，虚体墙面由金属格栅幕墙、玻璃幕墙、广告（店招及橱窗）有序组合并加以设计；进、排风口等用金属百叶来遮挡。

常州万博国际广场的整个外立面设计遵从现代、简约、时尚的理念。立面处理有黑、白、灰三个层次的体块穿插，分别为石材幕墙、玻璃幕墙及金属格栅幕墙。在大面积的青灰色石材幕墙上点缀条形灯带，赋予商场活泼生动的形象；在出入口处的玻璃幕墙通透醒目，特别是主入口的玻璃幕墙采用立体折面的处理手法，打造时尚新颖的形象；金属格栅幕墙以中国传统窗格的图案为单元，在建筑整体现代时尚的基调中加入传统元素的气质。整体材料的肌理变化着重突出常州万博国际广场的尊贵品质以及对提高人们生活品质目标的执著追求。

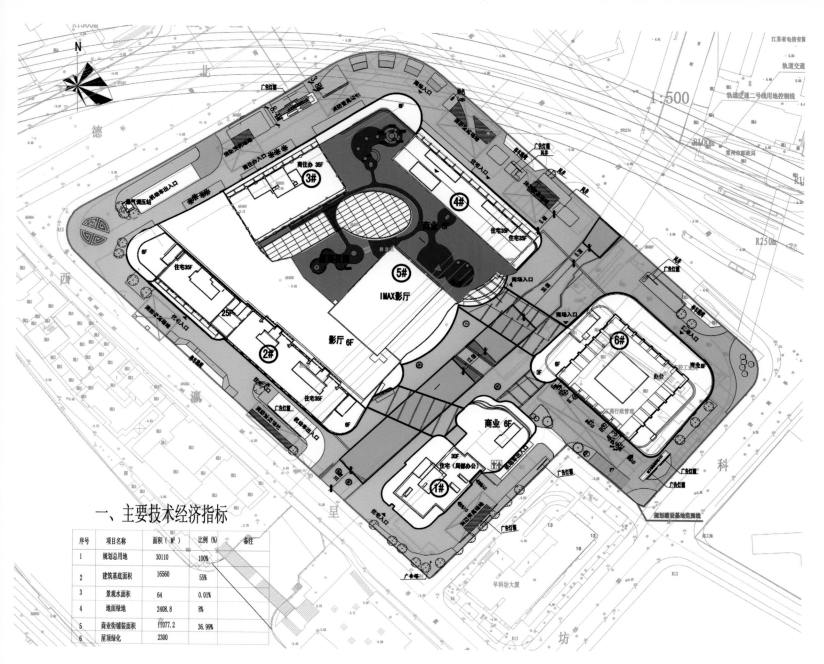

一、主要技术经济指标

序号	项目名称	面积（㎡）	比例（%）	备注
1	规划总用地	30110	100%	
2	建筑基底面积	16560	55%	
3	景观水面积	64	0.01%	
4	地面绿地	2408.8	8%	
5	商业街铺装面积	11077.2	36.99%	
6	屋顶绿化	2300		

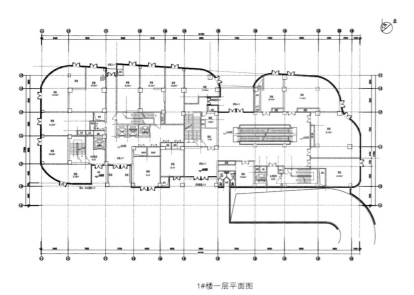

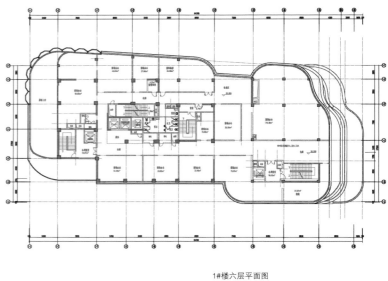

1#楼一层平面图

1#楼六层平面图

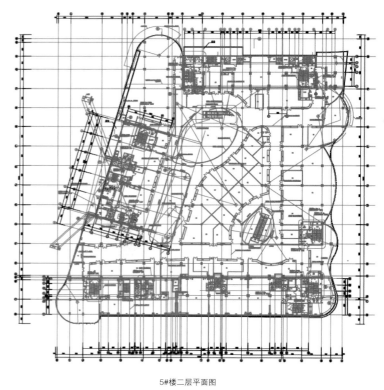

5#楼一层平面图

5#楼二层平面图

200

昆仑唐人中心

项目地点：黑龙江省大庆市
设计单位：上海新外建工程设计与顾问有限公司
用地面积：325 240 m²

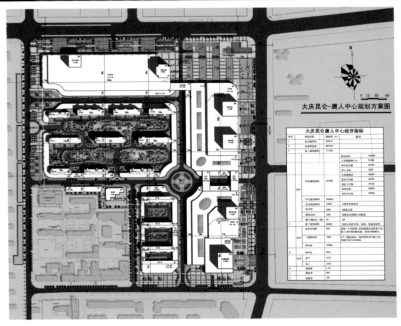

人文主区

项目以自然环境为基础，以城市中心为依托，以商业广场为核心，以大型城市商业综合体为主题推崇现代城市生活的理念，融入地域特色的标志元素和精致典雅的景观设计，引领让胡路区商业圈第一印象的全新商业、居住区概念，旨在构建出一个高品质、多元复合的现代大型商住综合社区。

客户定位

商业区主要吸引国内外知名连锁超市、中高档品牌服装以及本地特色餐饮和优势小商品装饰企业的入驻。居住区客户群以小型核心家庭和两代同堂家庭为主。目标客户为有一定经济基础的购房需求者及计划再购房用于投资的人士。

项目产品定位

本项目力求建设为让胡路区最大体量的知名超级商业区，具有历史特征和现代风格的商业文化娱乐广场，时尚品牌最为集中的服饰精品街，让胡路区最具特色的家电、家具城，具有人文特色的现代居住小区。

设计目标

通过合理布局各个功能区块，分向组织道路人流，完善多元服务功能，打造现代城市商业居住空间，塑造充满活力的城市商业中心形象，创造一个高品质的精品大型商业居住办公综合社区，并使之成为大庆城市中心的一个重要展示窗口。

项目符合大庆地区的消费爱好，是一个以大型集中商业、家电家具中心、餐饮娱乐中心、办公住宿为核心功能，兼有专业市场、居住小区的商业综合社区，力求以时尚的规划理念、人性的空间设计、健康的景观环境来营造一个高品质、高标准、现代与传统相结合的全生活流行广场。

石家庄紫晶·金色里程

项目地点：石家庄市

设计单位：上海新外建工程设计与顾问有限公司

用地面积：238 00 m²

建筑面积：175 300 m²

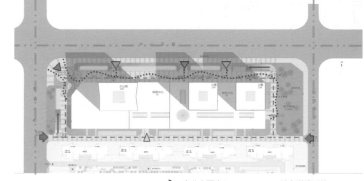

▶ 商业主要出入口 　　—— 城市道路系统
▶ 办公主要出入口 　　- - 机动车流线（消防车道）
▶ 公寓主要出入口 　　···· 人行流线
▶ 机动车出入口 　　□ 地面停车口
▶ 卸货区出入口 　　← 地下车库出入口

　　石家庄紫晶·金色里程商业项目基地位于石家庄最核心的主干道（中山东路）南侧，地理位置优越，交通便捷。目前，周边无大型商业广场，规划中将有大量的住宅建成，项目的商业前景十分好。

　　项目西侧地块为购物中心，高5层，以零售、主力店、娱乐休闲、影院、餐饮为主；东侧地块为商务中心，高3层；商业步行街为1~4层，内街两侧设有商铺，各层之间设有电扶梯、垂直梯等。步行街围绕购物中心和商务中心设置，在建筑四周形成多处出入口。步行街加盖采光顶棚，在交会处设有延至地下的中庭，地下一层为大型超市及地下商业街。

　　石家庄紫晶·金色里程项目的设计不仅延续了当地城市文脉，同时力求商业区的区域性、协调性和个体性的有机结合。项目从人性化角度出发，着重考虑商业业态的合理分布以及空间的开放性，设置了参与性强的业态，以提升商业区活力。

　　项目立面设计上，根据石家庄的地方文化特色，以"山、石"为基本元素，强调商业广场主入口的设计，打造富有雕塑感的标志性入口。主立面采用玻璃幕墙及石材拼接的处理手法，使整个立面显得宏博大气。塔楼采用中、西式相互穿插的处理手法，通过立面构成及材料的运用，成功体现出整体项目的文化底蕴。

　　项目设计旨在通过合理的功能区块布局，有效的道路人流交通组织，完善的多元服务功能，创造现代城市商业空间，将石家庄紫晶·金色里程打造成为石家庄的商业地标。

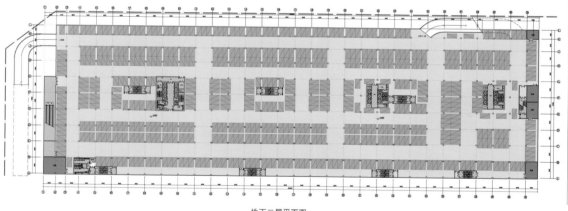

地下二层平面图

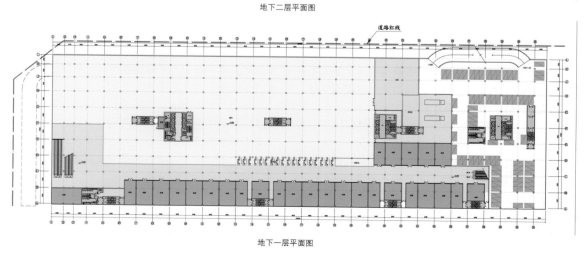

地下一层平面图

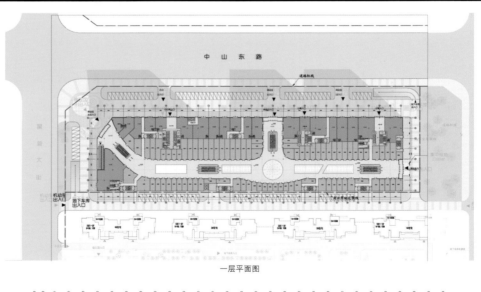

一层平面图

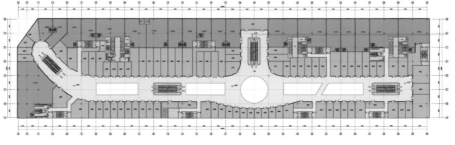

二层平面图

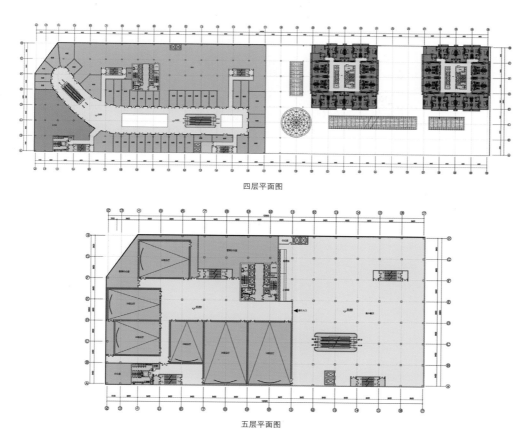

四层平面图

五层平面图

天津成都道

项目地点：天津
设计单位：上海新外建工程设计与顾问有限公司

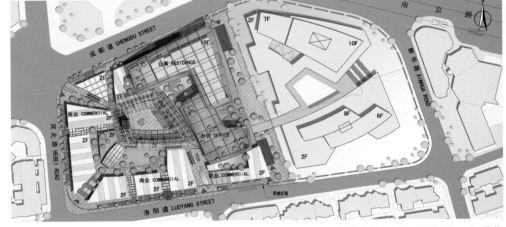

设计灵感的 五个"交叉点"

历史的交叉点：在远古时期天津是一片汪洋大海，通过上千年的历史沉积形成其独特的地质层次感。

文化的交叉点：天津作为一个文化"大熔炉"，融合了旧租界文化与现代文明，使其在国际舞台上具有很强的吸引力。

商业的交叉点：天津作为一个港口城市，走在了中国社会快速发展的前沿，天津历来被视为非常重要的商贸线路。

贸易的交叉点：城市道路的网格化是城市对外交易的生命线，天津的老城区是中国传统的布局模式，由中心城区的环状模式向周边地区网格化发展，纵横交错的道路，促进新旧城区在一定范围内的和谐发展，便捷的城市交通满足了人们的生活、工作及出行需要。

发展趋势的交叉点：项目选址位于城市主干道（南京路）和原英租界地区。该地块邻接唐山地震纪念碑，与其形成一个轴线，相互呼应，有很大的发展潜力。

概念设计要点

动线：连接内外场地，满足各种条件；联结过去与未来；联结自然体验与精神探索。

体量关系：建筑体量满足规划对退界和高度的限制；沿租界区和现代都市区，设计不同界面和不同高度；建筑体量的延伸依据发展顺序和规划体量。

建筑表现：建筑的低区表达了一种时间的层次感；建筑的基座设计表现出沉稳、坚固的感觉；建筑的高层部分采用玻璃等轻质材料体现建筑顶部的空灵感，增强建筑与天空的紧密度。

下沉广场：通过厚重的石柱表示传统，广场的景观部分则通过喷泉喻河床。

裙房:底层的裙房间设有灵活的动线和错落的步行街，材质以及建筑细部延续天津租界传统建筑元素的特点， 商业骑楼则突出城市国际化的特点。

立面：从城市道路网中抽象出浅色钢制框架的建筑表皮，通过钢制框架隐喻的天津路网回顾天津的历史；而玻璃立面外覆盖的浅色钢制框架又表达了另一个时间层次。

住宅:住宅部分设置在塔楼顶部，拥有较好的采光、通风和视野，屋顶花园则进一步突出对自然的体验和精神的探索。

图例:
零售
旗舰店/超市
餐饮
办公
住宅
设备用房
垂直交通
车库

地下三层平面图

地下二层平面图

一层平面图

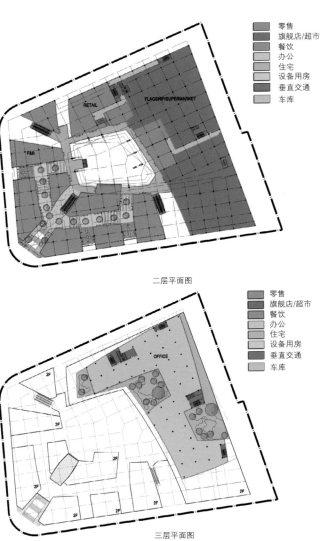

零售
旗舰店/超市
餐饮
办公
住宅
设备用房
垂直交通
车库

二层平面图

零售
旗舰店/超市
餐饮
办公
住宅
设备用房
垂直交通
车库

三层平面图

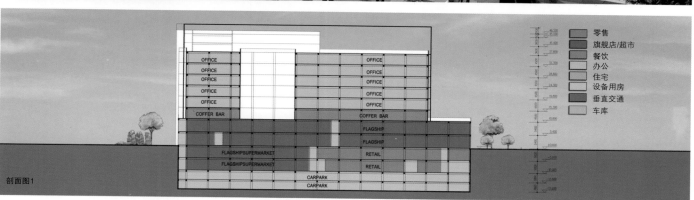

剖面图1

	零售
	旗舰店/超市
	餐饮
	办公
	住宅
	设备用房
	垂直交通
	车库

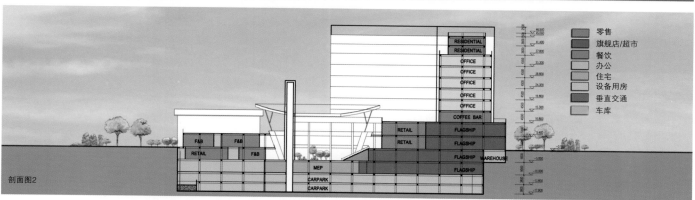

剖面图2

	零售
	旗舰店/超市
	餐饮
	办公
	住宅
	设备用房
	垂直交通
	车库

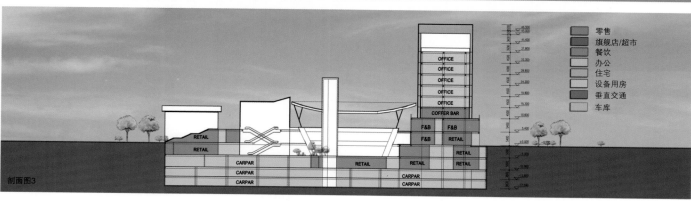

剖面图3

	零售
	旗舰店/超市
	餐饮
	办公
	住宅
	设备用房
	垂直交通
	车库

零售
旗舰店/超市
餐饮
办公
住宅
设备用房
垂直交通
车库

RESIDENTIAL

九至十层平面图

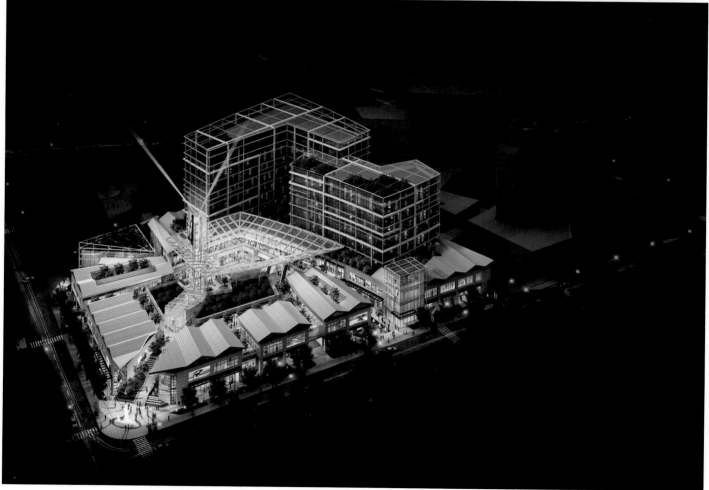

银川悦海新天地

项目地点：银川市
设计单位：上海新外建工程设计与顾问有限公司
用地面积：84 533 m²
建筑面积：576 900 m²

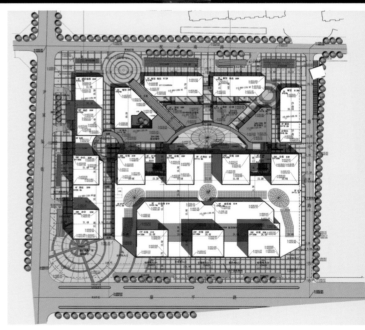

银川悦海新天地项目位于宁夏省银川市金凤区枕水路南侧、尹家渠街东侧、康平路北侧、惠安路西侧。

项目建设场地地貌平整，较为开阔，周边设施完善。基地南侧为商业综合体及高层公寓，商业综合体南侧1~5楼由百货、精品家电、主题游乐场、KTV、溜冰场及影院组成主力店，中间为室内步行街，北侧为租赁外铺。基地西侧布置酒店、办公区，其裙房设置精品百货店。基地北侧为小商业与餐饮。项目设有地下室，地下室共两层，主要为地下车库和设备用房等。

商业综合体与康平路、尹家渠街交会处布置城市广场和景观绿化，小商业与枕水南路、尹家渠街交会处布置天幕，营造出一个充满魅力和活力的氛围。

项目旨在打造银川市第一城市商业综合旗舰品牌，整体建筑造型明快大气。整体设计风格采用折中主义手法，既体现经典商业的高档，又融入了现代商业的时尚元素。通过石材、金属、玻璃的运用，整体设计强调纵向感，进一步提升了项目的品质。商业立面设计上采用流动的曲线，犹如凤凰闪动的羽毛，在塞上江南熠熠生辉。

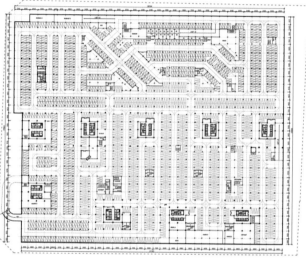

地下二层平面图

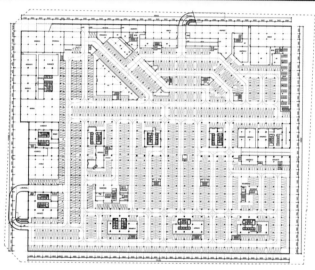

地下一层平面图

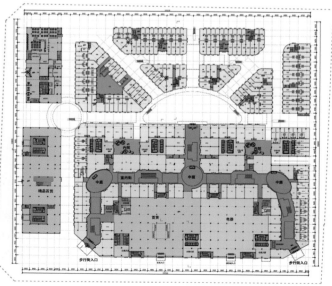

一层平面图

百货
电器
室内街
精品百货
酒店
公寓
租赁外铺
交通
绿化

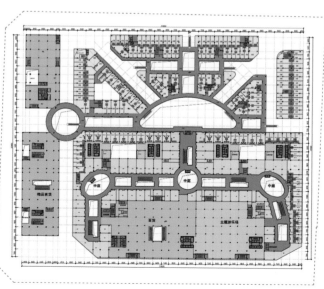

二层平面图

百货
主题游乐场
室内街
精品百货
酒店
公寓
租赁外铺
交通
绿化

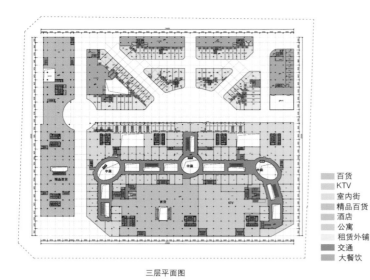

百货
KTV
室内街
精品百货
酒店
公寓
租赁外铺
交通
大餐饮

三层平面图

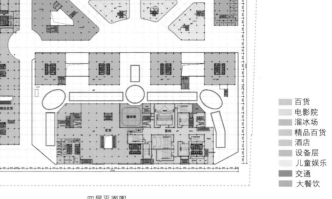

百货
电影院
溜冰场
精品百货
酒店
设备层
儿童娱乐
交通
大餐饮

四层平面图

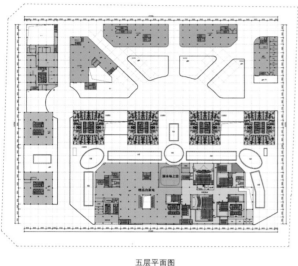

精品家电
电影院
溜冰场
酒店
设备层
公寓塔楼
交通
大餐饮

五层平面图

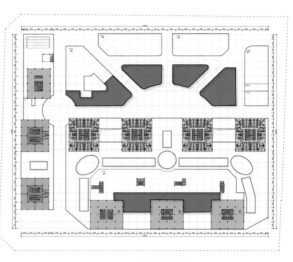

公寓塔楼
办公塔楼
设备层
交通
屋顶绿化

设备层平面图

宁海经济开发区招商大厦

项目地点：宁海县
设计单位：DC国际
总用地面积：25 565 m²
总建筑面积：121 427 m²
地上建筑面积：82 218 m²
地下建筑面积：39 209 m²
容 积 率：3.20
建筑密度：31.1%
绿 化 率：20%

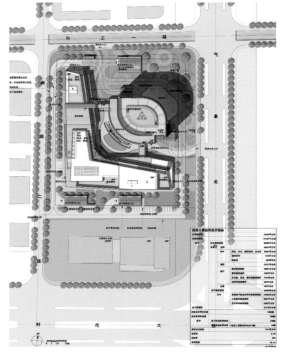

　　招商大厦位于宁海县时代大道(宁波银行大厦)以北，气象北路以西，兴工一路以南，新园二路以东。三面环路，南面为高120 m左右的宁波银行大厦。项目区交通便利，周边配套设施齐全，地理位置优越。工程建设概况如下。

　　该地块为商务办公区，地下一层及二层为停车库和设备用房，地上为36层的超高层办公楼及5层配套裙房，主楼主体高度为146.90 m（室外地坪至屋面的高度），建筑最高为166.90 m（室外地坪至女儿墙的最高点），裙房建筑高度为23.70 m（室外地坪至屋面的高度）。

　　宁海招商大厦是一个集办公、商业和娱乐休闲为一体的城市综合体，在充分分析了基地区域特性和项目定位后，确定了高层建筑体形标志、裙房建筑材质标志的设计原则，在建筑形态和立面造型及风格的设计中，对不同类型、不同性质、不同特性的建筑体块运用了"在统一中变化，在变化中统一"的辩证处理手法，达到了匠心独运的建筑视觉效果。而石材幕墙、玻璃幕墙、磨砂玻璃、透明玻璃等材料和技术的采用，使建筑形体更是被淋漓尽致地体现了出来，给人以强烈的视觉感受。

　　建筑在具象表达和抽象表达之间形成对话，在一定意义上，它可被看

做经典的三段式组合：基础，中部和顶部。同时，它又可被看做抽象的组合。

　　体量有两种，形成对照的立面：一是平直立面回应城市道路，二是弧形的立面与城市其他建筑形成强烈的对比。平直立面由于其立面竖向的切削和在外部沉重与轻巧的体量间的对话而具有力量感，弧形立面由于其顶部切削出线形体块而更具动感。

　　入口大厅三层通高，使沿气象北路和兴工一路的玻璃幕墙展示出招商大厦的内部空间，透明性鼓励人们进入其中。与裙房的石材外立面姿态相反，重与轻，实与虚组成一个整体建筑。

　　在建筑外立面的设计过程中统一考虑大幅广告位、媒体广告面、独立店铺招牌的位置和大小，避免了营业过程中店招的无序展示。

　　立面造型与材料的选择采用虚实对比，强调设计的逻辑性。表皮材料采用玻璃幕墙与高档石材。丰富的错落形体、柔和的色彩搭配、质朴的材料组合和考究的比例尺度以及细腻精美的装饰点缀，着意刻画出一个时尚大气而又充满人文气息和生活氛围的外在场景。

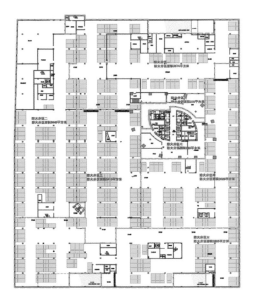

地下二层平面图

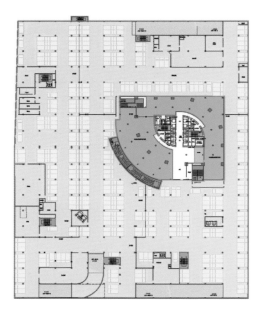

地下一层平面图

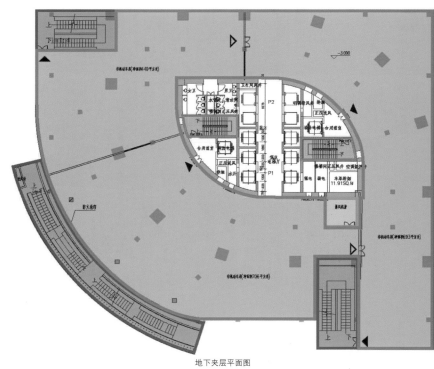

地下夹层平面图

重庆南川

项目地点：重庆市

设计单位：DC国际

A地块

用地面积：64 400 m²

建筑面积：322 000 m²

商业建筑面积：55 050 m²

办公建筑面积：45 240 m²

住宅建筑面积：219 900 m²

建筑密度：40%

容 积 率：5.0

绿 化 率：35%

总平面图

本项目中，在地块主轴北侧采用主题式商业加商业街的商业形态。

主题式商业采用差异化的竞争策略，是个性化的时代要求，以建筑语言营造主题各异的商业场所，借助不同的空间气氛寻求并创造商业项目更为持久的核心吸引力，形成自身的独特化和个性化，从而树立卓尔不群的个性品牌。

A.外在表皮的统一性

在外部形象上，通过整体化的设计，可以营造出大型商业广场繁华迷人的建筑形象，成为该区域的商业名片。宏伟完整的外形与地段内的高层建筑共同成为核心区主轴的南端终点，与该区域其他建筑共同构成一个完整壮观的城市核心区域，创造出标志性的景观。

B.公共空间的开放性

采用商业街的模式，用街道和内部广场、庭院等将庞大的建筑体量分解为有机联系的商业组团，形成可塑性很强的公共空间，辅以为半露天的休闲餐饮空间或者是绿色庭院等，营造出丰富多彩的空间形态和形象，使人在其中流连忘返，强化对于消费者的吸引力，形成特色鲜明的购物环境。

C.多层级的可达性

不同的入口层，保证商铺的均好性：利用场地内现有的高差，在商业入口高度上我们有更多的选择，普通商业建筑中处于不利地位的二层和更高层商铺，可以在地势高的地方直接对外设置入口，使其获得更好的商业价值，内部多层级布置，消解高差、丰富空间。将高差消解到建筑的各个部分，再以精心设计的廊、桥、空中步道等将商铺连接起来，形成立体的交通网络，创造出丰富多彩、步移景换的内部空间，形成独特的商业形象，并为消费者提供特别的购物体验，实现建筑设计层面上的主题独特性。

D.空间的易消化性

商业空间被公共空间与廊桥等交通空间化整为零，形成少数大型商铺加众多小型商铺的格局，可以灵活租售，各自管理，从而减轻销售和管理的压力，具有更强的灵活性和生命力。空调设置可采用分体式空调安装，更易于管理。

海南文昌城投国际大厦

项目地点：文昌市
设计单位：北京绿维创景规划设计院
用地面积：28 526 m²
建筑面积：57 400 m²

项目位于文昌市清澜新区的中心，在区位上与旧城遥相呼应，周边规划有商业金融用地、行政办公用地、居住用地，因此其地块商业价值较高。

在整个建筑的设计中，充分运用中国天文文化、航天文化以及大文昌文化这些文化元素，形成连通古今的文化脉络。这些文化元素巧妙运用于建筑形态以及装饰符号中，使得该建筑真正成为文昌的标志性建筑。主楼建筑采用文昌笔（塔）和航天器的造型，表达传承历史文化、呼应未来的意思，寓意文昌，文运昌盛，再次腾飞。

01 文昌阳光国际大厦主楼
02 屋顶泳池
03 屋顶花园
04 阳光广场
05 办公楼
06 公寓楼
07 商业裙楼
08 景观绿地
09 广场景观水景
10 生态停车场

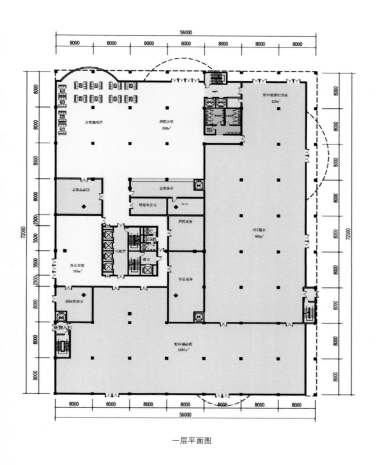

一层平面图

二层平面图

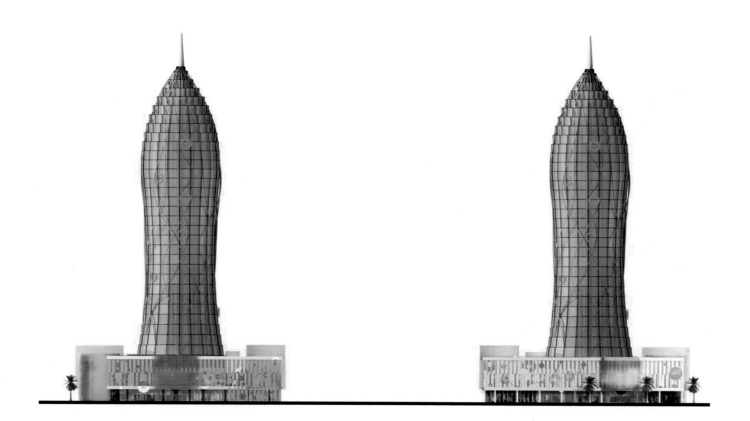

立面图1

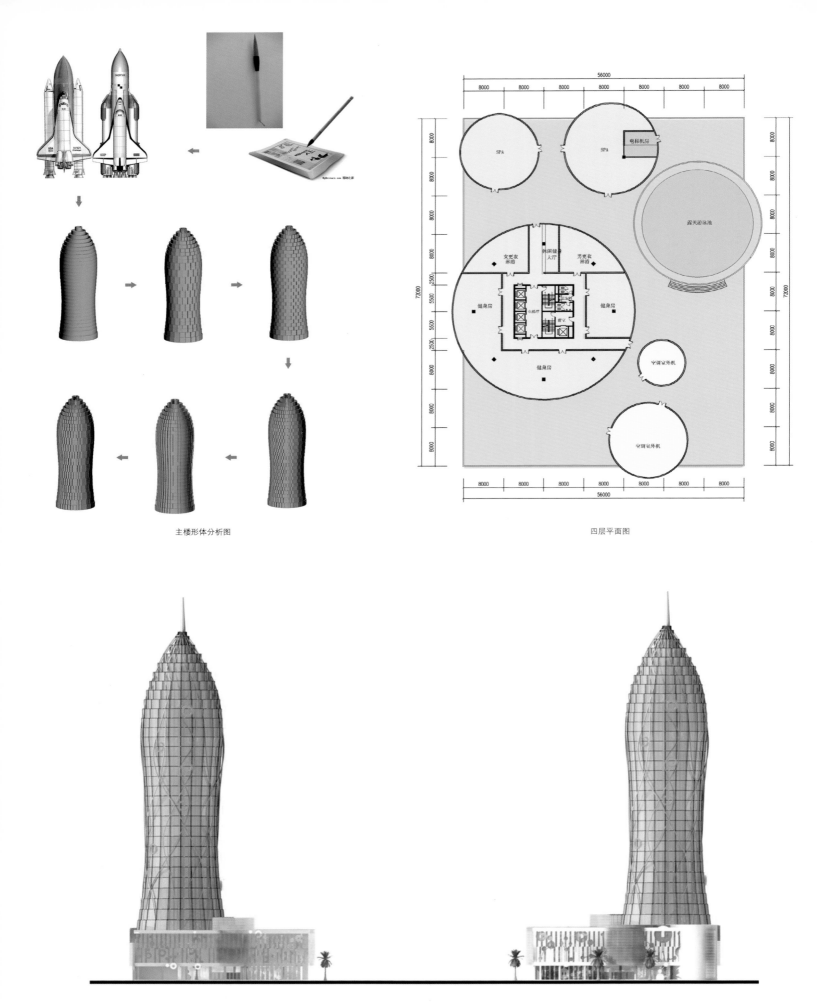

主楼形体分析图

四层平面图

立面图2

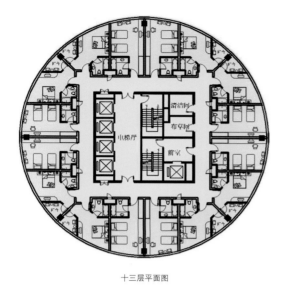

十三层平面图

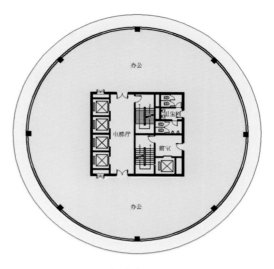

办公标准层平面图

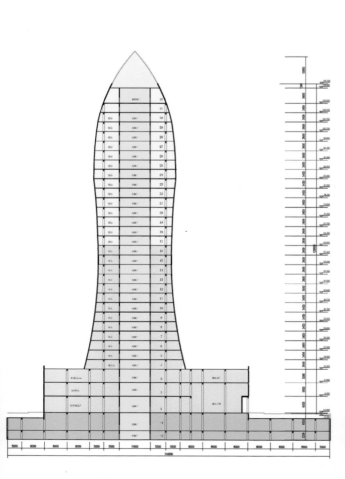

剖面图

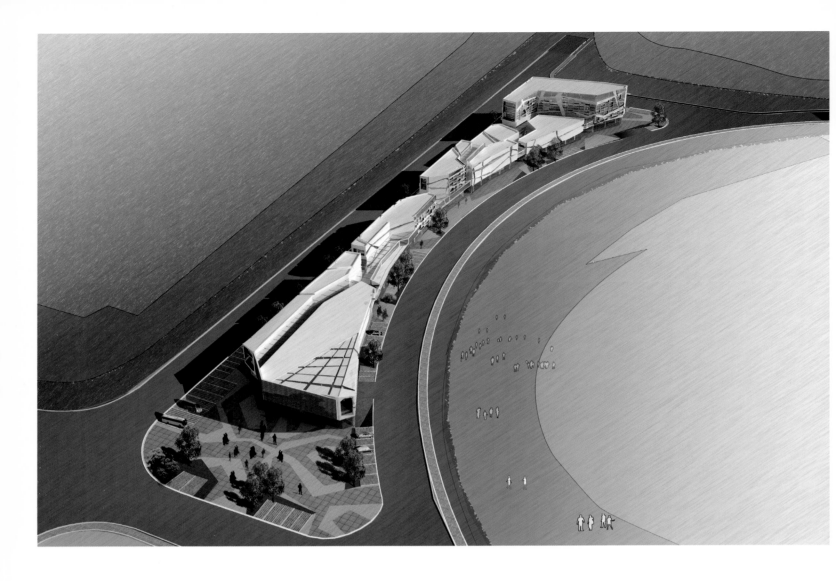

霍尔果斯口岸综合服务中心

项目地点：霍尔果斯市
设计单位：北京绿维创景规划设计院
建筑面积：33 300 m²
地上建筑面积：26 000 m²
综合服务板块：11 450 m²
休闲商贸板块：14 550 m²
地下建筑面积：7 300 m²

区位分析

本项目位于新疆霍尔果斯国际边境合作中心内，中哈第一通道入口处，区位极其重要，是展示国门文化、体现中国对外国际形象的重要窗口。

本项目容积率2.20，满足容积率小于3.0的规划设计条件要求。建筑高度23.9 m，2至5层。建筑基底面积7 300 m²，建筑密度60%，均满足规划设计条件要求。

建筑设计理念

本项目以"窗口"为建筑设计理念，通过变化的"窗口"形象，将两栋建筑通过现代的玻璃连廊有机联系起来。简洁、现代的建筑视觉形象，体现综合服务中心承载的国际交流展示的功能，是国家形象、国门文化的

传递窗口，是霍尔果斯经济特区未来活力的窗口。

建筑风格

本项目采用现代简洁凸窗和大面积墙体设计。带状凹形折线变化造型，结合主要立面上时尚、动感、科技的巨型LED屏幕，通过宜人的尺度感和色彩，塑造一个庄重、颇具现代感的建筑形体，突出建筑的地标性。

建筑材料

建筑表皮采用银白色铝板、现代玻璃幕墙以及局部彩色穿孔钢板设计，简洁大方，质感强。

建筑色彩

建筑以白色铝板及蓝色玻璃为主色调，色彩统一，局部配以红色，活泼但不凌乱。

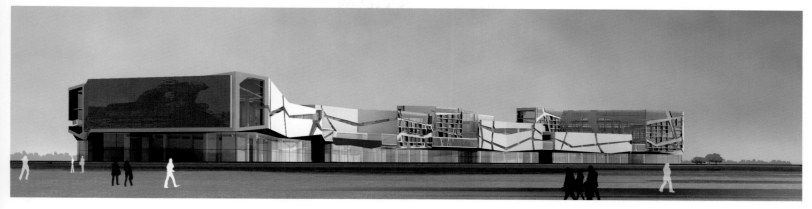

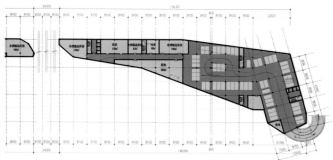

休闲商贸板块地下一层平面图

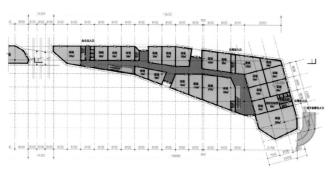

休闲商贸板块一层平面图

综合服务板块一层平面图

综合服务板块二层平面图

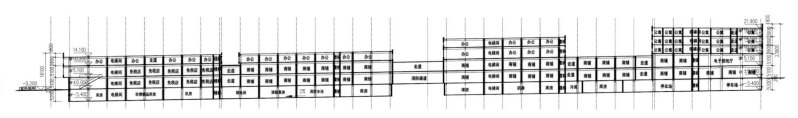

剖面图1

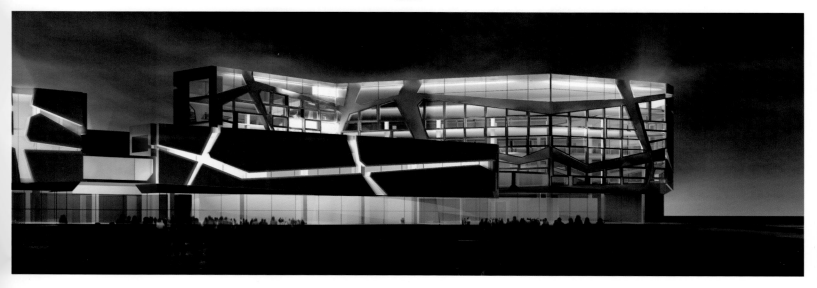

平潭海峡商务中心

项目地点：福建平潭市
设计单位：北京希埃希建筑设计院
用地面积：10 112.142 m²
建筑面积：104 787 m²
建筑密度：46%
容 积 率：8.7

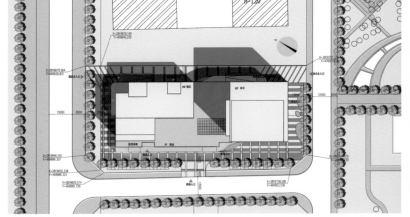

项目位于福建省平潭市金井湾片区，基地北侧紧邻牛寨山，现状用地主要为盐场和水域，目前正在进行场地吹填，景观环境较好，交通便利。

建筑规模

本项目由一栋高层办公楼、一栋高层酒店及5层裙房组成。办公楼为地上32层，地下2层；酒店为地上20层，局部16层，地下2层。

设计理念

设计时主要考虑到与周边建筑的关系，在突出其个性的同时，又必须与周围楼群呼应协调。无论从城市的任何方位都可以识别该建筑，它丰富了城市的轮廓线。

总平面布局

本建筑与东侧高层建筑相呼应，烘托出行政中心主楼，裙房部分与广场景观相映成趣。商业步行街主入口沿东南侧规划路布置，主入口有入口广场作为其与城市道路的缓冲空间。酒店主入口设置在西北侧道路，办公楼主入口设置在东北侧道路。车行入口与人行出入口分开布置。车流和人流分行其道，互不交叉干扰。

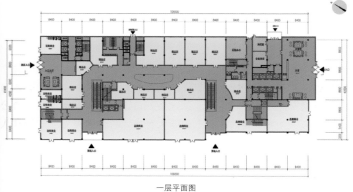

一层平面图

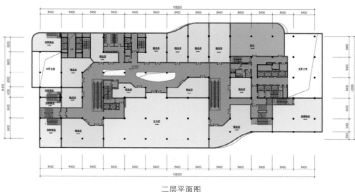

二层平面图

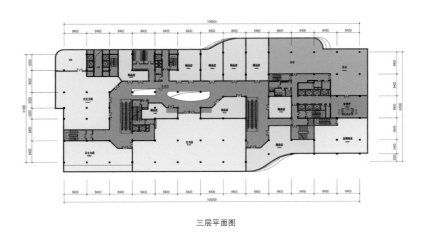

三层平面图

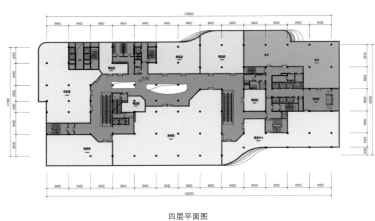

四层平面图

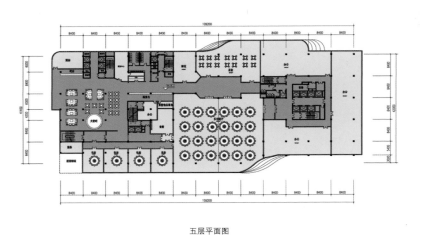

五层平面图

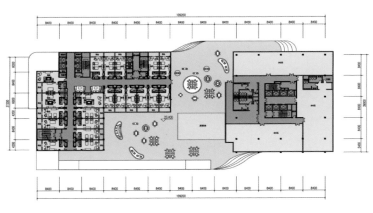

六层平面图

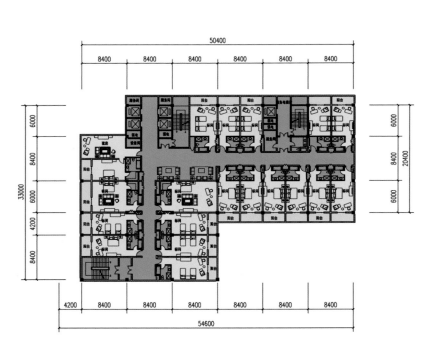

客房标准层平面图

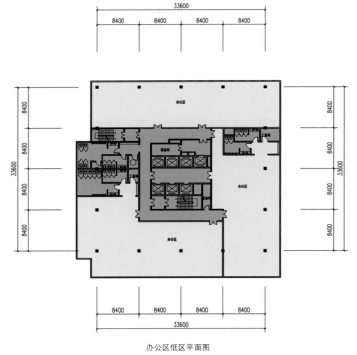

办公区低区平面图

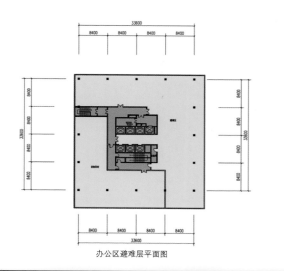

办公区避难层平面图

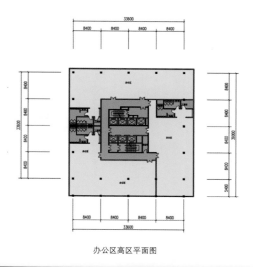

办公区高区平面图

科创中心

项目地点：无锡市

设计单位：上海尧舜建筑设计有限公司

A地块

用地面积：7 408 m²

建筑面积：41 804 m²

B地块

用地面积：7 608 m²

建筑面积：46 650 m²

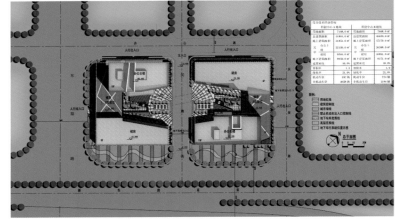

本项目地处无锡高铁站商务区新华路西、兴吴路南、东翔路北。中间贯穿同惠街，其中同惠街东侧为A地块，同惠街西侧为B地块。本基地紧邻商务区主干道，位于无锡高铁站东南侧，地理位置尤为重要。项目将成为区域内标志性建筑。

设计理念

规划从多角度入手，实现外在与内涵、功能与形式的真正统一。从商业文化的角度，融入无锡高铁站商务区的环境资源和精神气质；从空间的角度，整体考虑项目与城市环境的关系；从功能的角度，深入分析项目适合的定位，并综合协调相关要素之间的矛盾；从环境设计的角度，注重特色场所和特色景观塑造，增强场所的身份感和识别性。在各系统的规划设计中始终关注关键细节的把握和控制引导。

办公和商业有机结合，互惠互借。统筹考虑具体使用时，商业业态为办公使用人群提供服务。商业业态的合理布局，不仅提高了办公楼的品质，同时来自办公楼的人流也是商业娱乐消费人群的重要组成部分。

商业的兼容性

在建筑布局上设置沿街外铺、内庭商铺和地下商铺，扩大商业的沿街面，吸引各个层面的人流；建筑形式和空间设计上灵活布局，满足商业建筑的经营需求，以人为中心考虑环境与空间的设计。

借鉴国内外先进办公规划和实践经验，立足于兼容性的商务型商业的市场定位，从人的使用角度出发，精心考虑每一处街道节点，每一处街景、对景。建筑朝向内庭设置平台及下沉广场，形成立体花园。平台为商业使用人群提供了宝贵的室外活动平台。同时，整体建筑围合的内庭、露台互为对景，屋顶绿化及露台的设计，更加渲染了整体立体、多角度、多层次的空间氛围。

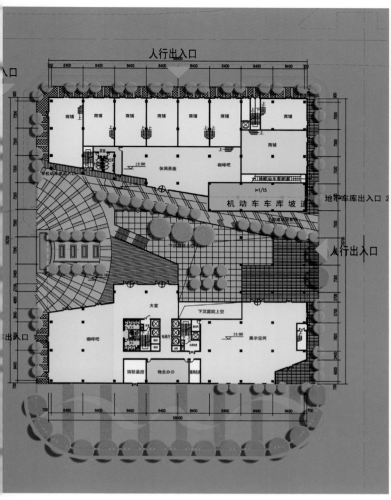

A地块一层平面图

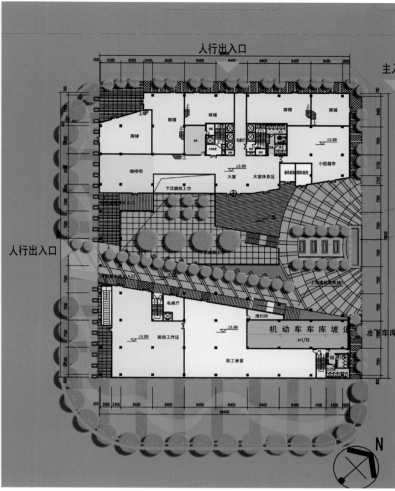

B地块一层平面图

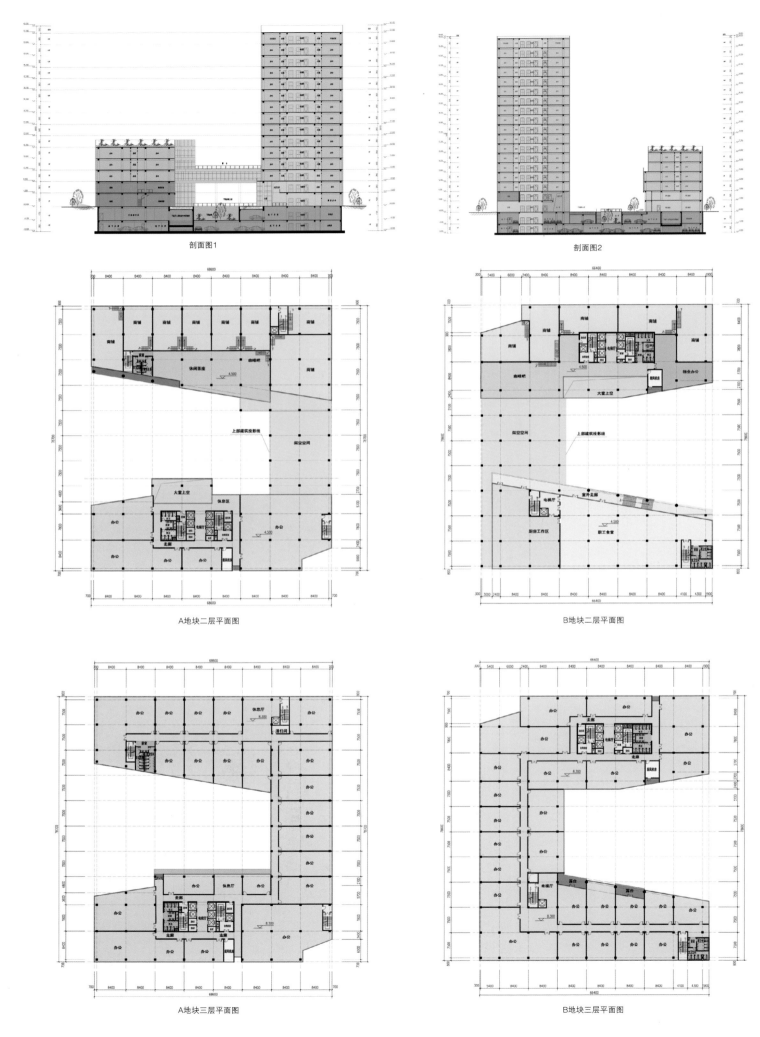

剖面图1

剖面图2

A地块二层平面图

B地块二层平面图

A地块三层平面图

B地块三层平面图

立面图1

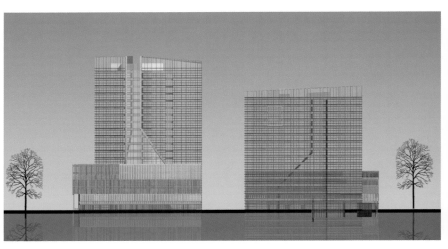

立面图2

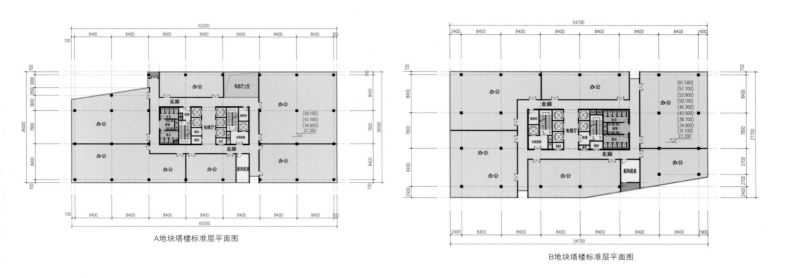

A地块塔楼标准层平面图

B地块塔楼标准层平面图

济南汉峪金融中心

项目地点：济南市
业　　主：济南高新控股集团有限公司
设计单位：DAO国际设计集团
用地面积：A1 36 691 m²
　　　　　A4 49 244 m²
　　　　　A6 35 817 m²
建筑面积：A1 209 622 m²
　　　　　A4 399 100 m²
　　　　　A6 233 054 m²

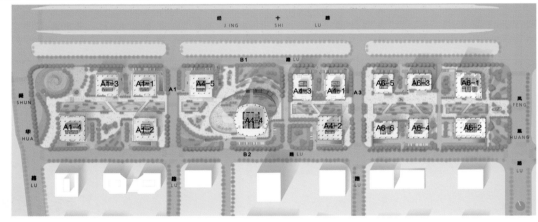

　　方案设计范围为A1、A4、A6地块，位于汉峪金融中心，经十路南侧，舜华南路以东，凤凰路以西，北与高新区IT总部基地相望，是汉峪金融中心的核心区。

　　建筑师以"WEAVE"（编织城市）为主题，完成了对项目的概念设计：

　　根据地块的特点，将三块区域分别命名为泉源、泉潮、泉生——Water；

　　强调设计的功能性、经济性和可实施性，组织便捷的地下空间与交通组织，强调超高层经济利用的高效性——Efficiency；

提供交流场所，开放互动的空间，合适的人动尺度，鼓励步行——Accessibility；

形成充满活力和张力的城市空间——Vibrancy；

创造生态型城市的外部环境，打造现代城市发展的最高境界——城市人生活在大自然之中——Ecology。

　　整个建筑的风格稳健大气，造型语言有统一的风格而又略有差异，建筑如音乐般流动，有主题，有节奏，有高潮，建筑师将"编织城市"的概念在不经意间贯穿于整个设计之中。

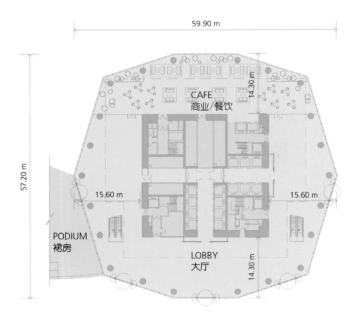

A4-4 一层平面图

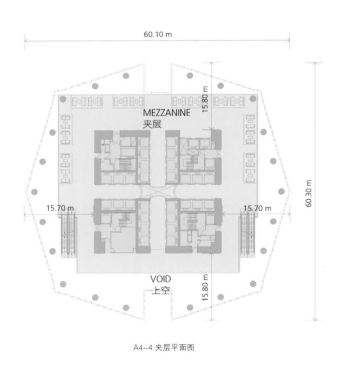

A4-4 夹层平面图

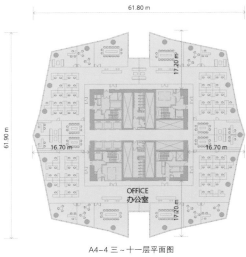

A4-4 三~十一层平面图

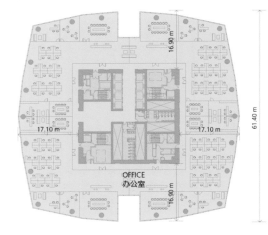

A4-4 十四~二十五层平面图

世茂成都成华综合体

项目地点：成都市
业　　主：世茂集团
设计单位：DAO国际设计集团
面　　积：210 000 m²

　　成都成华总体规划关注于创造一个商业与文化娱乐中心。整体设计运用"3E—Explore，Eliminate，Entertainment"（开拓新的生活方式，转变成为全球金融中心，提供万花筒般多样的娱乐活动）"。建筑师还利用"NEW—Nature，Exchange，Water"概念为使用者提供自然绿色遮阴，并消除行人与车辆交通的互相干扰。所有的功能及联系都从中心区双子塔经中心绿轴向外展开，犹如正在盛开的芙蓉花，并与"蓉城"美名相呼应。可以俯瞰地块的摩天轮位于双子塔与基地东面，形成该项目的地标。

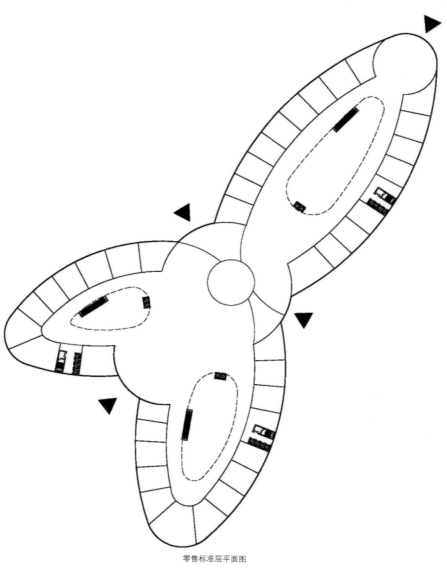

零售标准层平面图

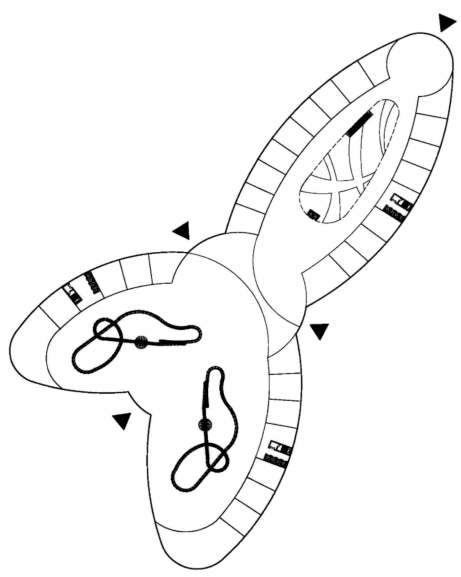

主题公园标准层平面图

官渡区·五里中央商务区

项目地点：昆明市
设计单位：GN栖城
用地面积：736 700 m²
建筑面积：4 327 800 m²

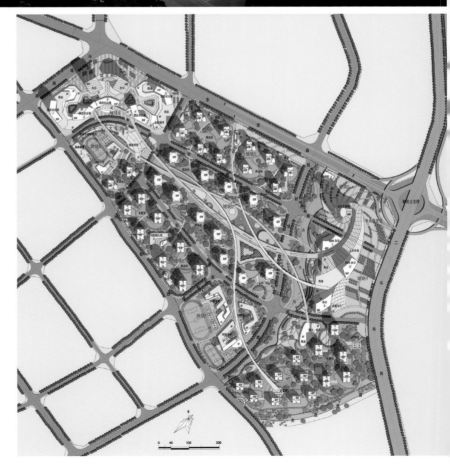

五里中央商务区不是一般的居住区，无论在区位条件还是开发条件上较之开发区其他居住区都更具优势，因此将该居住区建设成为地区性具有示范意义的居住区是政府、开发商、设计者和居民的共同理想。本规划将以新的规划理念、高的规划起点、美的空间形态、实的开发策略打造地区性的经典规划。

本次规划设计，在充分分析城市运营、基地条件、市场背景的前提下，运用创新的理念和模式，大胆创新，扎实落地，注重多方效益平衡。

坚持以人为本、可持续性和生态化原则，创建绿色住区是本规划的初衷。规划力求合理地利用土地及现有的生态资源、文化资源，争取以最小的投入，使得居住区范围的生态系统具有自我维持能力，创造住区良性发展的机制。有机组织住宅空间布局，促成生态、文化、效益三者的有机统一，营造有机的诗意栖居。

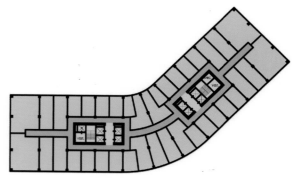

酒店式公寓30层标准层平面图

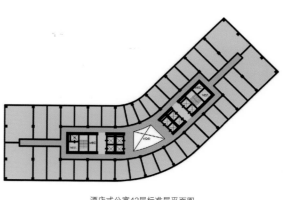

酒店式公寓42层标准层平面图

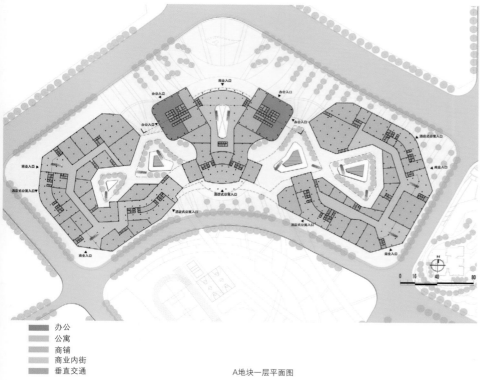

■ 办公
■ 公寓
■ 商铺
■ 商业内街
■ 垂直交通

A地块一层平面图

办公一层平面图

办公一区5~16层平面图

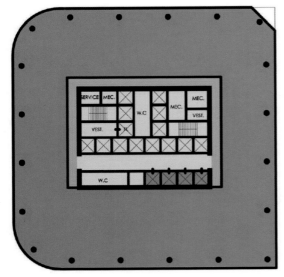

办公二区17~27层平面图

办公三区28~37层平面图

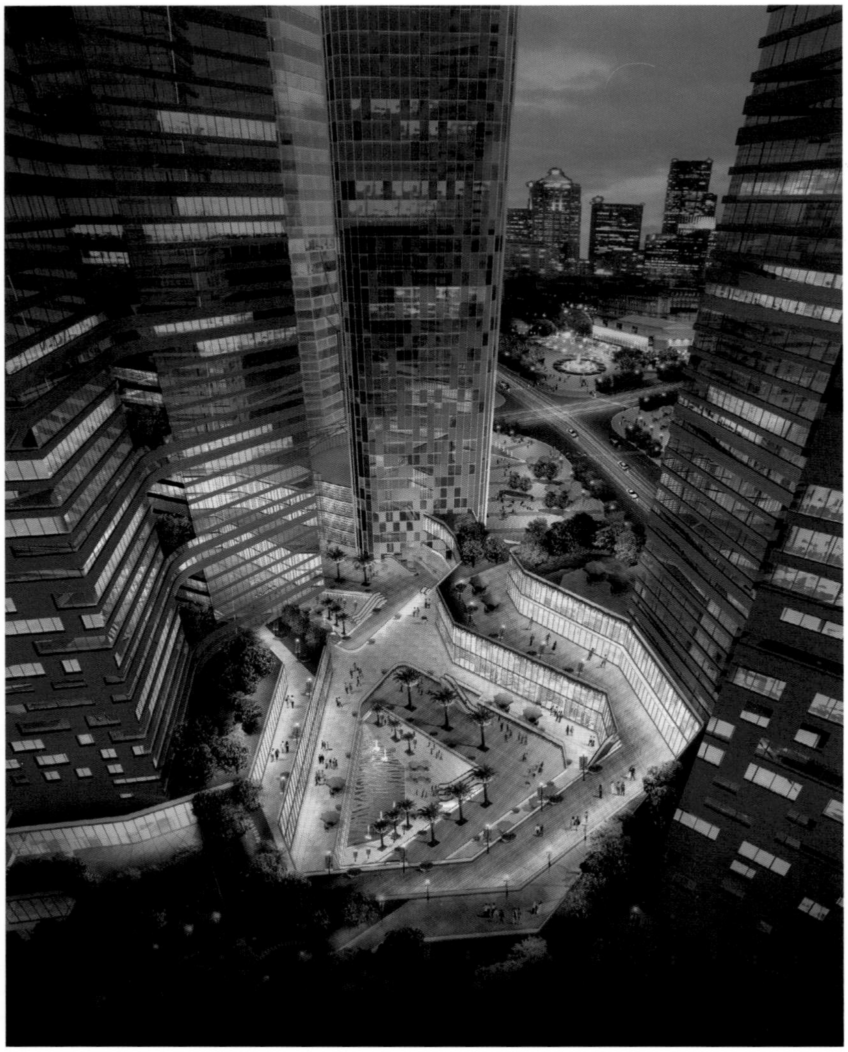

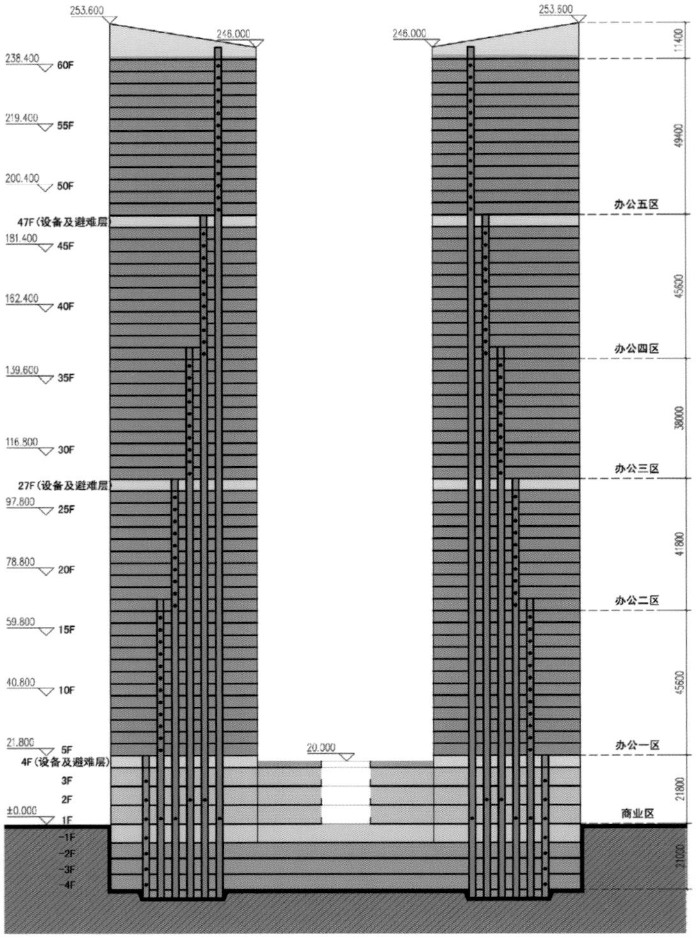
253.600
248.000
248.000
253.600
238.400 60F
219.400 55F
200.400 50F
47F（设备及避难层）
181.400 45F
162.400 40F
139.600 35F
116.800 30F
27F（设备及避难层）
97.800 25F
78.800 20F
59.800 15F
40.800 10F
21.800 5F
4F（设备及避难层）
3F
2F
±0.000 1F
-1F
-2F
-3F
-4F
20.000
办公五区
办公四区
办公三区
办公二区
办公一区
商业区
11400
49400
45600
38000
41800
45600
21800
21000

竖向剖面构成图

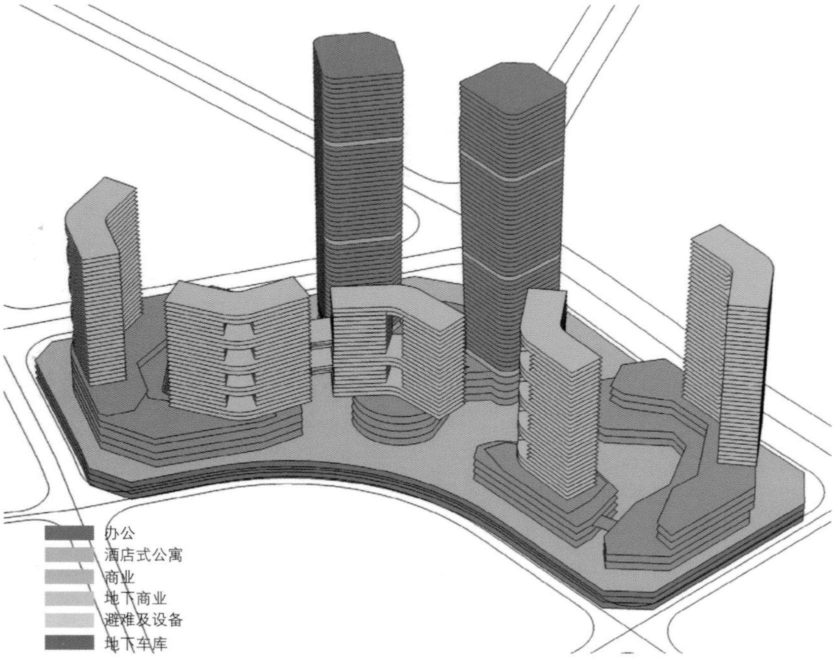
办公
酒店式公寓
商业
地下商业
避难及设备
地下车库

竖向功能分析图

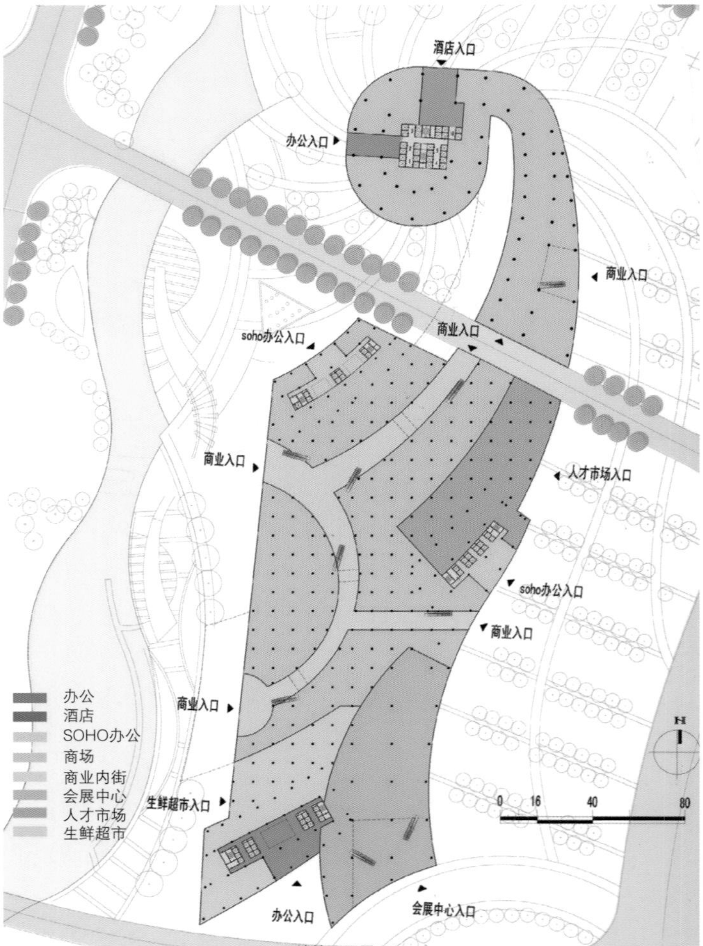
酒店入口
办公入口
商业入口
商业入口
soho办公入口
商业入口
人才市场入口
soho办公入口
商业入口
商业入口
生鲜超市入口
办公入口
会展中心入口
办公
酒店
SOHO办公
商场
商业内街
会展中心
人才市场
生鲜超市
0
16
40
80

G、H地块一层平面图

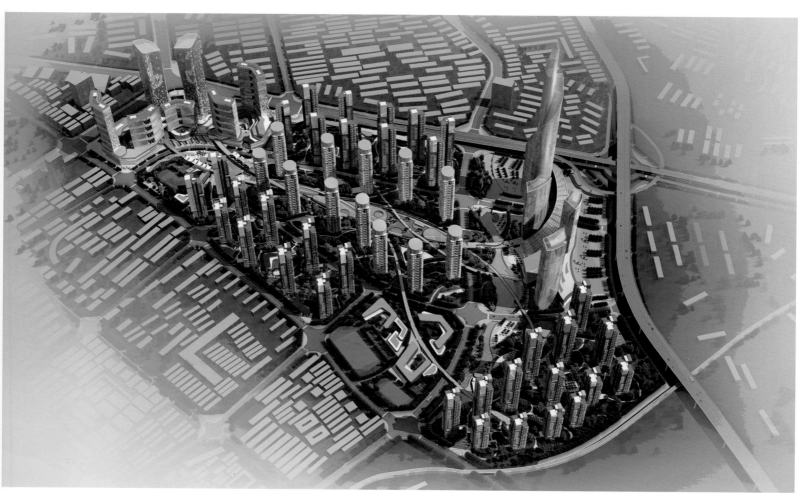

沈阳五洲城二期

项目地点：沈阳市
设计单位：GN栖城
用地面积：614 665 ㎡
建筑面积：569 311 ㎡

五洲城紧邻辽宁省沈阳市新城区及桃仙国际机场，辐射整个东北亚地区，极具商业潜力。五洲城的规划理念为"家具公园"，致力于打造一个集家具选购、品牌展示、休闲娱乐于一体的综合体。

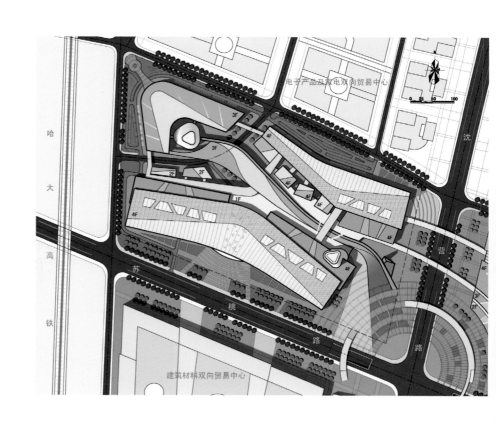

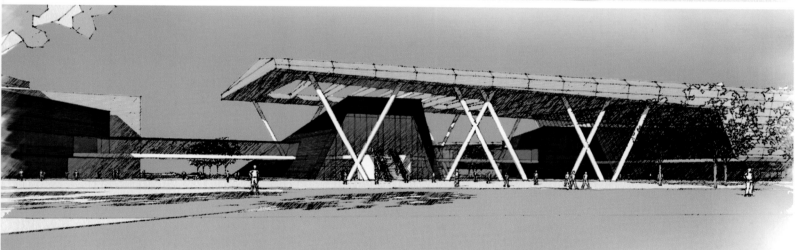

成都中丝园

项目地点：成都市
设计单位：四川省建筑设计院
用地面积：192 460.96 m²
建筑面积：528 805.10 m²
容 积 率：2.56
建筑密度：30%
绿 化 率：35%

项目用地位于成都南部新区麓山板块，城市主要道路红星路南延线与海昌南路交会处东北角。用地呈长条不规则形，东西长约900 m，南北长约270 m。场地西北侧为城市绿地，东北面为高尔夫球场，南侧中段为商业金融业用地，其余各面均为城市居住用地。一条9 m城市规划道路将场地分为A、B两个地块。

整个场地呈浅丘状地形，高低起伏，最大高差约27 m，总体呈东高西低趋势。场地内有土丘三处，A地块为鱼塘形成的自然谷地，并延伸至B地块，形成长约900 m的生态自然谷地，横贯B地块的山脊将其分割为南、北两部分，并在北侧形成另一长约300 m的自然谷地。谷地内现有大型水塘四处，水质良好。

A地块西北侧为城市中心，并在临红星路南延线设有规划地铁站点，为主要人流的来向提供了设计依据。

项目定位

作为中国最大的丝绸文化产业园，该项目集办公、主题商业、博物馆、公寓和住宅于一体。

设计理念

1.舒展飘逸的丝带

丝绸，不仅具有悠久历史，同时也是一种文化的载体，源于自然，体现了人与自然的关系，几千年来一直具有强大的生命力，不仅时尚前卫，而且具有美好的发展前景。如何体现其物质与文化内涵，给人以精神上的共鸣是设计的核心。这里采用联想、通感的手法，利用场地条件，强化地形特征，形成飘逸于自然绿谷的丝带。

2.因其固然，顺其自然——《庄子·养生主》

(1)"人与自然"——自然生态的中国传统

以基地环境和地形地貌特征为蓝本，对建筑空间、景观、交通流线等元素加以强化，从而衍生出独具特色的景观文化线索；保留自然生态环境，并加以整理强化，体现丝绸源于自然；将历史文化与自然生态交织联系，形成板底的"生态层"。

(2)"现在与未来"——人类高超的技艺

以现代丝绸文化园区的成就和现状为线索脉络，将广场、墙面、屋顶等元素统一起来，并充分利用地形的狭长优势，形成如丝般舒展飘逸的整体建筑形象，构建地面的"时代层"。

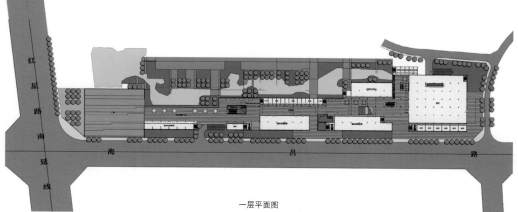

一层平面图

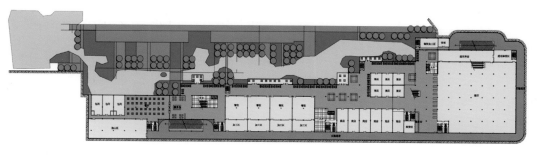

架空层平面图

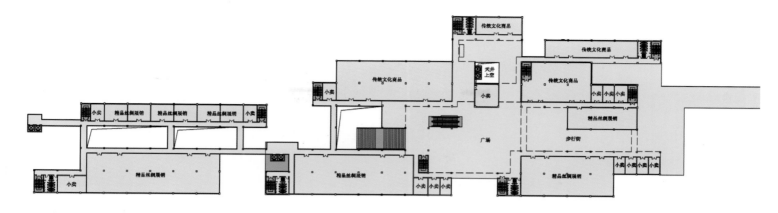

二层平面图

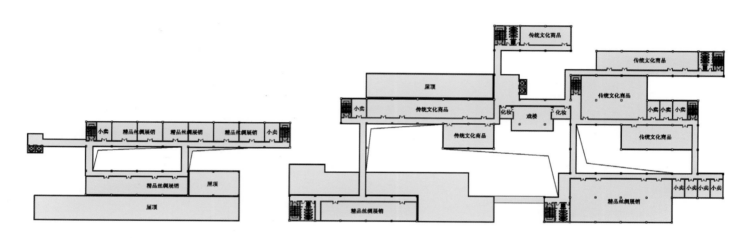

三层平面图

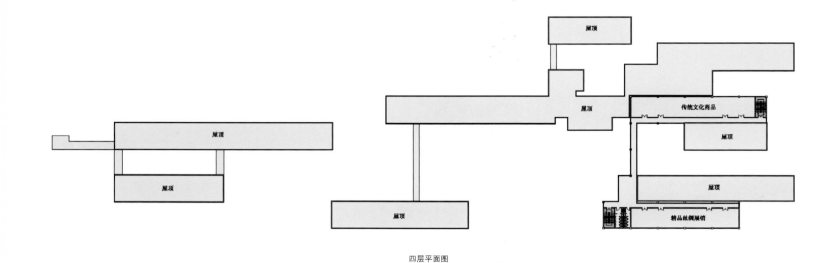

四层平面图

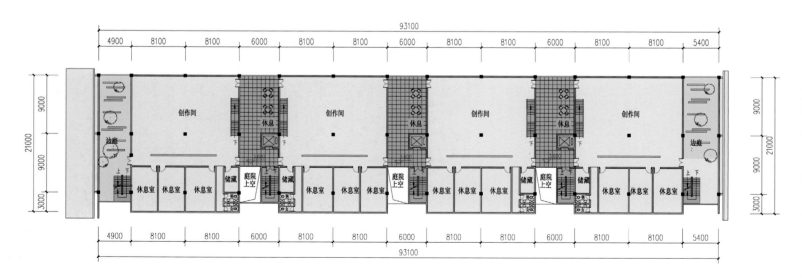

办公区一层平面图

花园式办公一层平面图

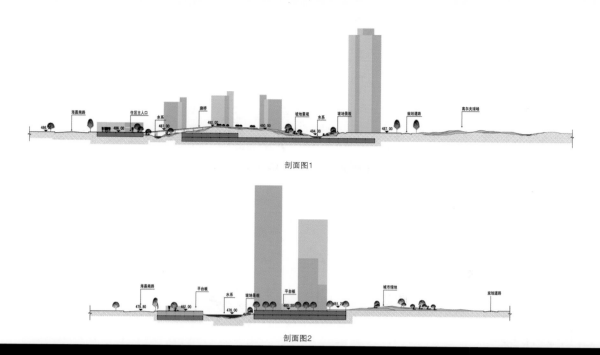

剖面图1

剖面图2

盘锦水游城

项目地点：盘锦市
设计单位：上海广万东建筑设计咨询有限公司(HMA建筑设计)
用地面积：80 000 m²
建筑面积：448 000 m²

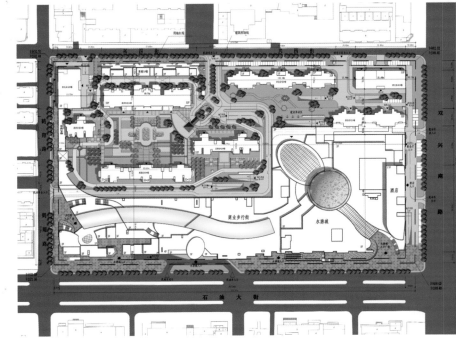

　　该项目基地位于盘锦市兴隆台区，用地东至双兴路，南至石油大街，西至鹤翔路，北至兴四街。整个工程由水游城、商业步行街、酒店、销售住宅、回迁住宅和办公区组成，是集休闲、购物、餐饮、娱乐、居住、酒店、办公等多功能于一体的城市商业综合体。其中，水游城地上6层为商业空间，地下1层为商业空间、设备用房，地下2层为设备用房、停车库。

　　兴隆台区位于盘锦市中心城区，结合该地区长期发展的趋势和地块的位置条件，项目将对商业、居住、酒店、餐饮、会议、文娱等城市生活空间进行组合，从而形成一个多功能、高效率、充满活力的城市商业综合体，形成人、都市、自然的和谐整体。

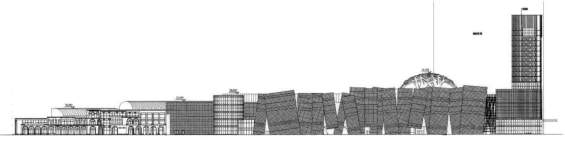

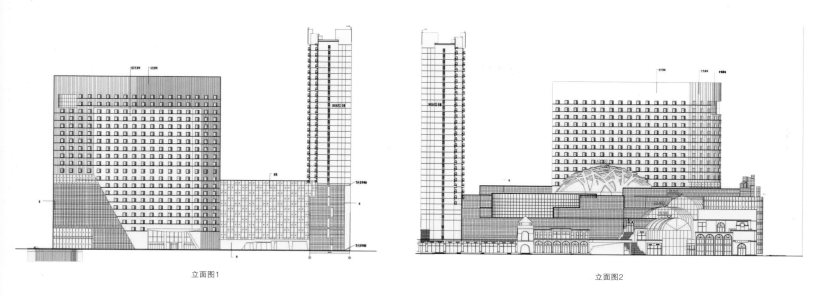

立面图1   立面图2

《世界优秀建筑设计机构精选作品集》系列丛书

国内设计机构作品集

《世界优秀建筑设计机构精选作品集》系列丛书是上海颂春文化传播有限公司为国内外优秀建筑设计机构出版建筑设计专辑而策划的选题。本套丛书共100本，其中国外设计机构50本，国内设计机构50本。本套丛书分中文版、英文版两个版本，面向全球发行。

国内设计机构作品集已出版《UA国际建筑设计作品集》、《鼎世国际商业控制手册》、《上海建筑设计研究院作品集》、《迪赛工房作品集》、《拓维十年》等一批优秀建筑设计机构的设计专辑。如果贵院有意在这一展示平台出版专辑，我们将竭诚为您服务。

《世界优秀建筑设计机构精选作品集》编辑室

联系人：曾江福
手机：13564489269
联系人：曾江河
手机：18964326130
座机：021-65878760
邮箱：songchun2010@126.com
Q Q：273778523
地址：上海市杨浦区大连路1548号24B